机遇一旦错过，
就再也回不来了

高文斐 著

吉林文史出版社
JILIN WENSHI CHUBANSHE

图书在版编目（CIP）数据

机遇一旦错过，就再也回不来了 / 高文斐著. -- 长春 : 吉林文史出版社, 2019.5

ISBN 978-7-5472-6155-2

Ⅰ.①机… Ⅱ.①高… Ⅲ.①成功心理－通俗读物 Ⅳ.①B848.4-49

中国版本图书馆CIP数据核字(2019)第088452号

机遇一旦错过，就再也回不来了

出 版 人　孙建军

著　　者　高文斐

责任编辑　陈春燕　曲　捷

封面设计　韩立强

出版发行　吉林文史出版社有限责任公司

地　　址　长春市福祉大路出版集团A座

网　　址　www.jlws.com.cn

印　　刷　北京德富泰印务有限公司

版　　次　2019年5月第1版　2019年5月第1次印刷

开　　本　880mm×1230mm　　1/32

字　　数　140千

印　　张　7

书　　号　ISBN 978-7-5472-6155-2

定　　价　38.00元

前　言

　　人生总是伴随很多的不圆满，不如意事常八九，可与人言无二三，其中最让人不舒服的，莫过于怀才不遇。而有些人，看似没有什么才华，却总是能够平步青云，获得成功。怀才不遇者看见他们的时候总是会想，如果这次机会给我，我能做得更好、走得更远、爬得更高。的确，有些人的确不那么精明，不够专业，没有那么强的能力，但不能否认的是，他们拥有这种才华，即抓住机会，找到机会，甚至创造机会。

　　争取机会的方式有多种，根据身份、目的和条件的不同，也需要使用不同的能力。创业者和上班族，仅仅是这两种身份，需要强化的能力就完全不同。创业者更需要敏锐的眼光和对未来趋势的预测，强化自己的大局观，能够带领团队走得更远，获得更多人的认可。上班族则需要强化自己实实在在的工作能力和交际能力，懂得审时度势，更要懂得进退。有时候，看似能够得到一个机会，却得罪了一个同事，这时候究竟是亏了还是赚了，只有等未来才能告诉你。当然，如果你精力足够，在这方面拥有天赋，能面面俱到就再好不过了。

　　有了足够的能力，机会就一定会来。每个人都曾遇到过机会，但是成功抓住机会的人却不多。所以，除了要拥有让机会出现的能力，还要有抓住机会的能力。机会并不容易抓住，试想一下，遇见机会的人有很多，但抓住的人没多少，甚至不少人都不知道自己曾碰见过机会。机会是会伪装的，有时候会伪装成普普通通的事情，有时候会伪装成陷阱，还有时候会藏在坏事情的背后。想要抓住机会，就要先识破机会的伪装。否则，你与机会擦身而过，可能都没有真正看清它的样子。

等你能够看清机会，就到了应该抓住它的时候。机会来的时候不会告诉你，走的时候同样不会。什么时候抓住机会，抓住机会之前应该做些什么，这些都需要你认真思考。缺少任何一种，你都只能眼睁睁地看着机会来了又去。当然，如县深究起来，可能永远是越快越好，将什么准备都抛在一边，抓住机会才是最重要的，毕竟机会一旦错过，就再也回不来了。

本书旨在告诉读者机会的重要性远远超过他们的想象。即便是最勤奋的天才，在缺少机会的情况下，也很难成功。书中有关于各行各业人士是如何抓住机会获得成功的，也有反面教材，他们眼睁睁地看着机会溜走。不管你是谁，是什么身份，是在成功的边缘徘徊还是渴求别人的肯定，总归你是需要一个机会的。

希望读者阅读本书以后，能够认识机会的重要性，认识到机会一旦失去，就再也回不来了。并且，能灵活地运用书中的知识，找到并且抓住属于自己的机会。

目　　录

第一章 他凭什么有钱？
DIYIZHANG 人生赢家都是"机会主义者"

机会有多重要？当你没有获得机会之前，是绝对不会知道的。机会能够为你带来成功，让你成为人生赢家。每个人生赢家对机会都有自己的定义，也有不同于别人寻找机会的方法。毫无疑问，他们都是"机会主义者"。

马云：伺机而动，天下没有难做的生意

马云，这个名字在中国乃至全世界都无人不知、无人不晓。人们乐于了解马云的生活，乐于看着阿里巴巴和旗下的支付宝、淘宝网、天猫网等为我们的生活带来了多少改变，乐于看着阿里巴巴公司日渐地改变这个世界。

有人认为马云的成功是必然的，是个人能力与时代相结合的结果。也有人认为，马云的成功是一种偶然，是一次大胆的投机为他带来了如今的成功。那么，马云的成功究竟是怎样来的呢？

首先，我们来看第一种说法，将马云的成功归结于一种必然。马云的创业史是人们津津乐道的，并且可以说非常坎坷。马云的身份经历多次变化，他的创业史也不是一帆风顺的。最开始，马云是一名英语教师，开办了一家成人英语培训班，后来和几个朋友开办了杭州第一家翻译社，这是马云的第一次创业。第一次创业并不顺利，开始没多久，翻译社就入不敷出。马云甚至要靠走街串巷，做小生意来支持翻译社。

翻译社失败以后，马云又进行了第二次创业。他认为中国的互联网时代即将到来，建立一个黄页公司必然能够成功。这次创业比第一次成功得多，作为中国第一家黄页公司，他取得了非常喜人的成绩。可惜的是，由于官方公司的介入，马云被迫让出这块肥肉。

第二次创业结束以后，马云又开始了第三次创业，做的就是电子商务，建立了阿里巴巴。当时中国的互联网大潮即将来临，如果能够抢在其他人前面创立一个成功的电子商务网站，就一定能够获得成功。

马云的成功是必然的吗？我觉得这应该是一种必然。他的第一次创业是从自己的实际出发衡量行业的需求与发展。当然，翻译社没有成功，这也给了马云一个教训。

究竟什么样的创业机会能够成功呢？显然仅仅从自己的角度出发衡量能否成功是不合格的。第二次的创业中，马云明显地吸收了第一次的教训，虽然当时他不怎么懂电脑，对于互联网上的事情也不精通，但是他知道这件事情会成为大势所趋，互联网会成为人人都用的东西，于是他选择一个自己并不精通的领域创业，果然获得了成功。第三次创业的成功，则是建立在第二次创业的基础上，重新选择了一个方向，可以看作第二次创业成功的延续。

从马云的创业经历中，我们能够看到马云坚韧不拔的精神、远大的眼光、出色的行动力与执行力，这些都是成功必不可少的能力。

我们再来看第二种说法。既然我们肯定了马云成功的必然性，那么马云的成功是偶然的这种说法自然就站不住脚了。但是马云的成功与投机相关，这却是千真万确的。马云第一次创业，是衡量了自己有多少资本，有多大能力，对这个行业有多熟悉，非常脚踏实地，知己知彼，但没能获得成功。第二次创业，马云冒着巨大的风险，将大量的时间、精力、金钱投入一个自己一知半解的领域，毫无疑问是一次投机，大胆且审时度势，不过最后却成功了。正是这次成功，为马云创建阿里巴巴提供了信心。有了中国黄页的成功经验，创建阿里巴巴就显得水到渠成了。虽然过程无比艰险，但马云并没有退缩，他坚信自己的选择和眼光是正确的。

可以说，马云的成功是一种必然，也是一次大胆的投机，正是他的卓越眼光，让投机规避了风险。

从马云的成功可以看出，投机这件事情并不可怕，可怕的是毫无准备的投机。所谓的伺机而动，就是在做好充足的准备以后再投机。一旦我们做好完全的准备，眼光超过其他人，虽然风险巨大，但收益同样巨大。到了那个时候，可以说天下没有难做的生意。

我们需要哪些准备才能抓住机会呢？能力是最主要的。不管在任何时候，能力是最不会背叛你的东西。你的合作伙伴可能会因为各种原因抛弃你，大环境、政策背景也在不断变化。真正能够靠得住的，只有你的能力。当马云在办翻译社的时候，就开始走街串巷地从事商业活动了，极大地锻炼了自己的能力，做好了充分的准备。他的能力决定有人愿意请他到美国从事商业活动，决定了他在一无所有的情况下也能赚到钱，更是决定了他即便在重重困境之下，仍然可以发现美国的经济朝着怎样的方向发展，一回国马上准备从事互联网行业。

所以，要想成为一个合格的投机者，必须强化自己的能力，满足投机要求，并不会因为投机而陷入险境，遭遇风险。当你的能力达标以后，就可以伺机而动，准备再次投机，也会明白什么叫天下没有难做的生意。

马化腾：要想抓住机会，必须及时行动

人们说，机会总是留给有准备的人，有些人将这句话当成座右铭，时时刻刻准备抓住属于自己的机会。还有些人，却将这句话当成退缩的借口，当机会到来的时候，他们会说自己还没有准备好，需要再多做一点准备；而当机会溜走的时候，他们才说自己刚刚准备好，机会就走了，这时心中有如释重负的感觉。

我们说，机会总是留给有准备的人，指的是那些没有准备好的人，是很难抓住机会的。如果机会降临，那还需要做什么准备呢？马上抓住，才能成功。所以，面对机会的时候，马上行动才是最正确的选择。

马化腾在创业之初非常小心翼翼，他的父母甚至不敢相信他开了一家公司。在父母的眼中，马化腾是一个胆子很小的"书呆子"，怎么能开公司呢？腾讯并不算什么大公司，当时规模和腾讯类似的公司在深圳有上百家。马化腾从未想过自己能够从上百家小企业中脱颖而出，只是想要稳扎稳打，多赚一点钱。正是因为如此，身为总经理的他，名片上印的只有工程师，他觉得自己没有总经理的样子，对外接洽之类的工作由公司中的其他人来做更好。

腾讯最开始是和深圳联通与深圳电信合作，为寻呼台做一些项目，当时QQ业已开发出来，成为公司的副产品。刚刚出现的QQ和我们如今知道的QQ相去甚远，它是从寻呼机上得到的灵感，因此叫作网络寻呼机，图标也是寻呼机的样子。

对于独立运行，马化腾毫无想法，他一心想要将QQ卖掉，换些现金扩大企业经营。QQ的运营状况越来越好，马化腾在给QQ找下家这件事情上越来越有信心。可惜的是，他找了很多网络运营商，没有任何一家愿意拿出一个合理的价位购买QQ。QQ的用户越来越多，对腾讯公司造成的负担也越来越重。他们拼命地承接一些零碎的活计，以期能够为QQ缴纳服务器的费用。运行QQ需要的费用越来越多，外部还遇到MSN的威胁，几乎所有的人都觉得QQ会死在MSN手里，只是时间早晚的问题。马化腾被迫要做出决定，究竟是孤注一掷，还是便宜点将QQ卖掉。再拖下去，不管是对腾讯公司还是对QQ，都不是什么好事，马化腾最终做出决定，认为这是个机会，不管风险有多大，QQ这个项目都要留下自己做。

于是，马化腾马上行动起来，四处筹钱，可惜并不顺利，国内的投资机构更加关注腾讯公司有多少实际资产，银行给腾讯公司评估贷款数额时并不以用户数量为标准。在国内，马化腾找不到一分钱。

当马化腾得知能够从国外的投资机构寻找贷款的时候，似乎一条通天大道出现在他的眼前。他马上准备商业计划书，并且修改了近10次。这本商业计划书最后到了没资公司的手中时，已经多达20页。IDG和盈科数码认为腾讯是一家很有前途的企业，于是给了马化腾400万美元的投资。利用这400万美元，腾讯公司购买了新的服务器，彻底解决了QQ运行费用不足的问题。他又不断增加QQ的功能，从覆灭于MSN的命运下解脱出来，这才有了如今的腾讯公司。

机会来了，就要马上行动。试想一下，如果马化腾的QQ用户数量逐渐攀升时，缺少资金又被MSN威胁，他做出了错误的选择，那会是什么样呢？可能我们就看不到如今的腾讯了，QQ也不知道会在哪个公司，会是什么样子。正是因为马化腾的数次马上行动，把握住了机会，才将腾讯发展成为如今的"庞然大物"。

创业的过程是艰辛的，抓住一次机会就能彻底扭转状况，而失去这次机会，可能就永远不会迎来下一次。想要把握住机会，就必须马上行动起来。

很多人没有马上行动是没有做好准备，那什么叫做好了准备呢？你真的能够做好万全的准备，来迎接即将到来的机会吗？绝对不可能。你不会知道机会什么时候到来，更不会知道会迎来怎样的机会。想要等到准备万全再开始把握机会，你永远都没办法开始。正是因为机会非常难得，正是因为我们永远都没办法准备好，才要在机会到来的时候马上行动起来。

所谓的不需要准备好，也不是说要在毫无资本的情况下孤注一掷。马化腾虽然是在仓促的情况下抓住机会，但他却不是毫无资本。当时他的手上有QQ，用户数量庞大，并且还在稳定增长。虽然这在很长的一段时间里没有转化成资金，但却让他有放手一搏的底气。如果没有QQ的庞大用户群做后盾，相信马化腾不会为了QQ冒这么巨大的风险的。

有了机会，就要马上行动起来，一味地等待是弱者的借口。只有马上行动起来，才能够真正抓住机会。你没有办法知道这次机会会不会等你，也没办法知道如果错过了这次还会不会有下一次，更别说全力以赴投入这一次会不会比等待下一次机会的到来更好。面对机会，就应该抓住，全力以赴。

王石：机会只属于那些勇敢的人

　　人的一生中，总是能够遇见很多"机会"，有些是真的，而有些则是伪装的陷阱。看似收益巨大的机会，往往伴随着同样恐怖的危机，一步踏错，可能就会万劫不复。但是，面对机会，如果停滞不前，就注定不会成功，只能在当前的位置不得寸进。所以，当机会到来的时候，那些勇敢的人就会冲上去，抓住机会。

　　王石可能是中国知名度最高的职业经理人，不管是他的个人生活、登山经历，还是在万科的传奇经历，都被人们津津乐道。其实，人们最应该感叹的是，王石是如何一步步走向成功的。可以说，王石成功的经历，是一次次勇敢把握机会堆砌起来的。

　　王石出生在一个军人家庭里，从小就是个调皮的孩子，上完初中以后，他没有像其他人一样选择下乡插队，而是成为一名军人。从军以后，他开始思考自己要成为一个怎样的人。当时的城市兵以有文化著称，农村兵则更加勤劳、能吃苦，而王石决定成为一个两者兼备的士兵。他开始疯狂读书、疯狂干活，要证明不管是在哪个方面他都不比任何人差。在成为新兵的一年里，他完成了入团、入党的两级跳，还成了班长。按照王石的能力和发展速度，他成为军官是板上钉钉的事。但是，王石没有选择留在军队，他看见了一个充满风险的机会。

　　王石选择了复员，成为一名普通的工人。这个选择几乎遭到所有人的反对，包括他的父母、朋友、亲人。他在军队的表现证明了他的前途一片光明，而复员成为一名普通工人，除了工资之外，他将一无所有。即便所有人都不认可王石的想法，他还是毅然决然地选择了复员。

王石在部队的时候，练就了一手好车技。当时会开车的人不多，凭着父母的关系，王石完全可以去政府当一名司机。谁也没有想到，王石拒绝了这个建议，他到锅炉厂成为了一名普通的工人。那里的工作非常辛苦，拆卸重达12吨的钢板对他们车间来说是家常便饭，相比之下，当兵时的辛苦简直就像休息一样。那王石为什么会选择成为一名普通工人呢？因为他想要上大学。上大学是王石的第二次冒险，当时大学经常会去工厂招生，王石正是看中这一点。凭着他苦学不辍，终于在23岁的时候，如愿以偿地走进大学的校园。

三年的大学时光，有很多的不如意，但王石还是非常珍惜。毕业以后，王石被分配到广州铁路局，成为一名当时人人羡慕的公务员。不过，王石并不喜欢当时的工作，不仅是因为工作环境，更是因为他觉得这样的工作如同一潭死水，了无生趣。到了1983年，改革开放初见成效的时候，王石就决定前往深圳，开始创业。

到了深圳以后，王石先后做过饲料生意、电子仪器生意，不管做什么，他都能做出惊人的成绩，这都是因为他敢于抓住机会。例如1983年，香港的一则新闻报道说鸡饲料中含有致癌物质，一时间香港"谈鸡色变"。王石经营的饲料生意顿时一落千丈，就连铁路仓库的钱都付不出了。他只好廉价出售所有准备做饲料的玉米，一次就赔了110万元。王石为这件事情难受了几天，但是也发现这其实是一个机会。这个时候像他一样低价抛售玉米的人不在少数，而香港人不可能一辈子不吃鸡肉。如果他能够趁机大量收购廉价玉米，等到香港人重新开始吃鸡肉的时候，他不仅能够抹平损失，还能够大赚一笔。

就这样，他开始前往全国各地收购玉米，而他收购时提出了一个条件，那就是货款要在货物抵达深圳100天以后再付。这是一场豪赌，如果说100天里香港人消除了恐惧，重新开始吃鸡肉，王石就将大赚一笔；如果这次恐慌没有过去，王石只有破产一条路。结果，王石赌赢了，他勇敢地抓住机会。在玉米还没有抵达深圳的时候，新闻就澄清了鸡饲料致癌的消息，王石大赚了300万。

机会总是留给那些勇敢的人，并非只会向你一个人展露它美丽的笑容。当有其他人比你更勇敢、更有勇气拥抱机会的时候，你就错过了。不是你没有遇到机会，而是你没有勇气把握住机会。这个世界上，从来没有不存在风险的机会，越是美丽的机会，背后往往隐藏着可怕的陷阱。想要得到机会，必须做好心理准备，预想可能遭遇的风险。如果你不能做好准备，缺少迎接风险的勇气，就不会得到任何机会。

害怕不能解决问题，盲目地追逐机会，完全不顾风险不是好办法。想要妥善地迎接那些属于你的机会，风险与甜美并存，就必须学会风险评估。你需要知道，如果想要赢得这次机会，勇敢地冲上去，会有多大的概率迎来糟糕的结果或获得成功。成功能够得到什么，失败又会失去什么，将这些列成表格进行对照，你就会察觉这次机会到底适不适合你，值不值得你去冒险。而且，当你要勇敢做出决定之前，保险起见，还要再做一次审计，看看设想的最坏结果你是否能够承受。如果你能够承受，也愿意冒险，就可以迎接这次机会了。

　　机会不是天上掉馅饼，也不是让你一步登天的梯子，它是一片茂密的丛林，是一座美丽的大山，里面可能有美丽的风景，也可能有凶猛的野兽。只有那些勇敢的人才能看到美丽的、名为"成功"的风景，畏惧野兽的人，永远只能在外徘徊。

牛根生：没有机会，那就向别人借一点儿

人总能遇见机会，有时候能够抓住，有时候等失去了才发现机会曾经来过。还有些时候，你最渴望机会来临的时候，却偏偏等不来，而旁人却能大踏步地向前走。你甘愿看着自己最需要机会的时候，机会却降临在别人身上吗？机会降临到别人身上的时候，你就什么都做不了了吗？当然不是，即便机会没有降临到我们身上，在我们特别需要的时候，也可以向别人借一点。

人们对牛根生的评价非常复杂，有人认为他是个实业家，拥有非同常人的大智慧。有人则觉得牛根生并不像人们评价的那样有才能，他是个聪明的投机者，只是抓住了机会，让他走到如今这一步。那么，蒙牛乳业的创始人牛根生，到底是个怎样的人呢？我们不能贸然做出评价，但毋庸置疑，他是个特别擅长抓住机会的人。

在创立蒙牛之前，牛根生是伊利集团的高管。由于伊利内部的问题，牛根生被迫离开伊利，当时的牛根生已经40多岁了。按照普通人的想法，40多岁的牛根生似乎与创业没什么缘分。他学历不高，年纪又大，要说具有什么常人不具备的技术，他也没有。正是在这种情况下，牛根生选择了创业，不断为自己充电，走好创业的第一步。他来到北京大学，每天骑着自行车穿梭于各个教室，不断学习新知识，以期让自己的知识和理念能够跟上时代发展。在他充电的这段时间，他的老部下纷纷离开伊利，找到并投靠牛根生。

　　当时牛根生已经注册了蒙牛公司，但除了注册一家公司之外，他可以说是一无所有。他没有奶源，也没有工厂，更缺少渠道和知名度。当时的蒙牛，用前途未卜来形容非常恰当。面对自己的老部下，牛根生皱起眉头，他不断地劝说他们回到伊利，因为跟着自己干，未必是一件好事。

　　一无所有的牛根生现在有了人，不过这些人既是资源，又是负担。对于缺少资源的蒙牛来说，负担的比例更大一些。牛根生冥思苦想了一段时间，始终找不到突破口，找不到崛起的机会。这时候，他发现业内很多公司在经营方面遇到了问题，这些公司什么都不缺，有自己的工厂、牧场，也有自己的销售渠道。他们有钱，有投资，掌握了机会，自己能不能向这些公司借一点儿机会呢？

　　于是，牛根生联络了黑龙江的一家公司，跟对方达成协议：蒙牛方面出人才，由对方出设施、牧场、渠道等硬件，达成互惠互利的合作。牛根生一边派人帮忙经营对方的公司，一边利用对方的资源研发自己的产品，借着别人的机会渡过了最艰难的起步阶段。

　　牛根生借别人的机会让蒙牛站稳了脚跟，但蒙牛想要发展起来，也是一件非常困难的事情。同是内蒙古的企业，同是乳业公司，蒙牛和伊利相比，体量完全不可同日而语。如果说当时的伊利是一座高山，蒙牛不过是刚刚堆起来的一座小丘。因为牛根生的关系，蒙牛与伊利之间势必不可能达成合作，双方不仅是竞争关系，而且是死对头。但是蒙牛想要发展，不可能绕得过伊利。就在这个时候，牛根生灵机一动，我们何不借伊利的机会来发展、宣传自己呢？

　　几个星期以后，呼和浩特街边多达300块广告牌上都刊登了蒙牛的广告，广告语上称赞的不是蒙牛，而是伊利："向伊利学习，为民族工业争气，争创内蒙古乳业第二品牌。"这则广告语直接向人们传递出一则信息，那就是蒙牛这家企业虽然不如伊利，但有心拿下内蒙古乳业第二的宝座，那蒙牛一定是一家有实力的企业。谁能知道蒙牛其实是一家刚刚创立不久的企业呢？谁又能想到内蒙古乳业第一品牌与第二品牌之间的差距是天差地别呢？没有人思考这些，在所有人的心中，第一与第二相差不远，所以都认可了蒙牛的实力。

机会并不是那么容易得到的，即便是在人生中出现了数次机会，也未必都是最恰当的时机。当你需要机会却苦寻不得的时候，不妨向别人借一点儿。也许这一点儿机会，就是你成功的契机，能带你进入通往成功的那扇大门。别人的机会未必不适合你，也许你可以做得比对方更好。

我们所说的借用别人的机会，并不是抢走别人的机会。有些时候，机会像一辆汽车一样，能够搭乘的并不只有一个人。当你所认识的人刚好搭上这辆车，不妨开口要个位置，让自己也能搭上这辆顺风车。这种情况其实十分常见，著名的淘宝村就是这样建成的。原本村里只有几个人在做淘宝生意，结果销量不错，生意越来越好，真正地赚到了钱。那么，村里的其他人同样也可以借着这个机会改变自己的生活。就这样，一传十，十传百，淘宝村就出现了。东北某地区的一些村庄也是这样发展起来的。村里有人去俄罗斯做生意，经营一年以后获利颇丰，于是就告诉村里其他人一起去。那些想要改变自己生活、命运的人，就勇敢了搭上这辆车，借到这个机会，成功地发家致富。

当你始终得不到机会的时候，不妨注意观察一下，你所认识的人中有没有谁得到了一个你也可以借来用用的机会。不要害羞，这不是抢夺，对方也不会有什么损失。也许，这是命运之神眷顾你的另一种方式。

巴菲特：投机不等于投资，更不等于机会

机会是什么？有人认为，能够让你获得进步，赚到更多钱的，就一定是机会。

这个想法没错，人们渴求一个机会，或许是想要得到财富，或许是想要证明自己，总归有个目的。问题在于，几乎所有想要机会的人都是抱着同样的目的，一旦有这样的机会出现，就会立刻蜂拥而至，试图成为那个幸运儿。

如果我们遇到这样一个机会，成功率有多少呢？肯定比买彩票、中大奖的概率高一些，但未必会比高考进入名校的概率高。用千军万马过独木桥来形容，也是非常恰当的。这也就不是什么机会了，而是一场正面决斗，堂堂正正地选出那些有实力的人，而不是迫切需要机会的人。巴菲特在中国被称为股神，在美国被称为先知，数十年屹立不倒，鲜有失败的投资，正是因为他会正视那些暴露在所有人面前的机会。

1965年，美国的股市迎来一个又一个高峰，不仅是华尔街，整个美国都陷入炒股的狂欢。那个时候，几乎只要进入股市，就能够大赚一笔，有机会一夜暴富。很多年轻人成为投资者，但在巴菲特的眼中，他们并不算是投资者，只能算是投机者。

不断有资金涌入股市，道·琼斯指数甚至突破1 000点的大关。虽然有人在股市中一夜间变得一无所有，但一夜暴富的故事似乎更

多，越来越多的人将钱放在了股市。

巴菲特身为年轻一代投资人中的佼佼者，却没有任何行动。很多投机者通过不断的操作，赚得盆满钵满，令人羡慕。人们开始质疑巴菲特真的是一个合格的投资人吗？他真的当得上年轻一代投资人佼佼者这个称号吗？认为巴菲特名不副实的人越来越多，甚至包括巴菲特的合伙人。他的合伙人甚至联合起来告诉巴菲特，股市如今形势大好，肯定还会继续涨下去，要求巴菲特立刻出手。巴菲特不仅没有出手，反而表现出一副云淡风轻的样子。

在巴菲特的眼中，股票的价格立该与股票的价值挂钩。股票毫无缘由地疯涨，这并不是一件好事。如果说只有少数人在这种情况下进行投资，那么还可以说这是个机会，可以深入了解并且进行尝试。但是，当所有人都瞄准这次机会开始投机时，就说明泡沫已经产生了。

有人赚钱，就有人亏损。那些一夜暴富的人的背后，必定会有一个个一夜之间一无所有的人。你会成为那个一夜暴富的人，还是一无所有的人呢？这已经不是人力所能预测的，只能靠运气，看看命运女神是否会眷顾你。巴菲特不愿意投机，更不愿意赌博，于是他保持着众人皆醉我独醒的状态，一直持续到这场闹剧的结束。

巴菲特不负股神之名，没过多久，从政治到经济，所有的负面影响都开始让股市受到冲击，道·琼斯指数开始疯狂下跌。那些日进斗金的人，为他们的投机付出代价，几乎所有投资人手中的资金都被套牢，除了巴菲特。这时候，那些劝说巴菲特掺一脚的合伙人才发现，巴菲特到底有多么的明智。

同样的事情还发生在20世纪80年代。当时，巴菲特的"伯克希尔"公司已经是美国最知名的投资公司了。美国股市出现一种神奇的投资方式，那就是期货股票。很多投资者认为，这种新东西的出现给了他们一个机会，一个可以脱离市场规律、单独炒作的机会。他们开始疯狂地买进这种期货股票，期货股票的价格开始水涨船高。这种疯狂持续了很长时间，期货股票的雪球一度滚到1 000亿美元，将当时所有的投资公司都滚了进去，除了巴菲特。巴菲特一直在冷眼旁观，在他看来，这不过是1965年闹剧的翻版，甚至还不如1965年的闹剧。

果不其然，几个月以后，期货股票的市场就崩溃了。那些投资公司手中的期货股票从一张张黄金叶变成废纸，各大投资公司都受到不同程度的冲击，只有巴菲特的伯克希尔没有受到一丁点的影响。

很多人不能分辨机会与投机。在这个人人讲理财、人人说投资的时代，一步走错可能就会遭遇万劫不复。P2P投资理财，曾一度成为人们的心头好，毕竟这些理财公司给出的条件非常优渥，甚至可以说是不用进行任何经营就可以一本万利。世界上会有这种好事吗？显然是不可能的。大多数P2P投资都是骗局，是一场看看谁是最后一个接盘侠的游戏。先入场的人如果够聪明，的确可以获得一定的收益，而后入场的人只能等来理财公司跑路的消息。

机会与投机是不一样的，任何机会都不可能违背这个世界的必然规律。财富所对应的并不是数字，而是价值。一件东西到底值多少钱，看的并不是售价，而是用料、技术含量、品牌效应等内容结合起来的价值。对于我们要抓住的机会也是如此，你所进行的投资是否违背市场规律，是否属于那种天上掉馅饼的好事，基本上可以揭示这次机会是投机或是骗局。

其他机会也是如此。例如，突然有人告诉你，有一项工作不需要太多的能力，也不太辛苦，佢薪水很高，你就应该想想这是为什么。不需要能力，也不需要花费力气，这样的工作岂不是早就应该人满为患了？什么都不需要，为什么又会给那么多的薪水呢？羊毛出在羊身上，这十有八九是一场骗局。当入场以后，你才会知道自己会失去什么。所以，当你面对机会的时候，除了勇气还需要冷静，你需要知道这究竟是真正的机会，还是一场可怕的投机。如果你还没准备好付出一切进行一次大的投机，那不妨想想，是不是找一个靠谱的机会更加合适。

任正非:不断努力,才会有机会

华为公司可以说是近几年引发讨论最多的中国公司,它生产的手机正在逐步将民族骄傲这个称号坐实,不断挑战苹果、三星等国际巨头的地位。按照目前的趋势,华为手机将来必然能够取代三星在安卓阵营中的地位,成为智能手机界唯一能和苹果扳手腕的公司。

作为华为公司的掌舵人,任正非不仅是制定发展策略的人,他更是将自己的精神全面灌注到华为公司的上上下下。华为能够从一家2.1万元注册的公司变成如今的国际巨头,可以说离不开任正非的领导。

任正非的创业之路是从1987年开始的。在这之前,他因为不善经商,被人骗走200万巨款。20世纪80年代的200万,可以说是一笔非常惊人的数字了。但是,任正非没有退缩,并没有因为遇到挫折就放弃经商,反而和几个朋友凑钱成立了一家公司,重新开始。

一开始,华为只是代理香港HAX品牌的交换机,虽然销量不错,但任正非认为,仅仅做一个经销商没有什么前途,只有努力开发属于自己的品牌,才是华为长久生存的基础。他当机立断,将公司的大部分资金投入到新产品的研发当中,果然获得了可观的回报。

华为有了自己的产品,不仅在国内打开了市场,还开始进军欧洲。但是,面对欧洲的一些老牌企业,华为缺少一定的竞争力,没有领先的技术，口碑也不如其他已经经营了几十年的老牌公司。为了赢得欧洲客户的认可，任正非认为只有通过不断努力，才能赶超别人。经过任正非的努力，他赢得了欧洲客户的信任。当时，欧洲的设备供应商在努力这件事情上远远不如华为，虽然华为在服务方面完全仿照欧洲企业，从生产、运输、安装、调试到维护，都和欧洲企业一样，但是在反应速度上，它的努力是其他欧洲公司远远比不上的。

当一个客户向欧洲本地品牌抱怨某个功能有问题需要修改时，这些欧洲公司要用半年到一年半的时间才能解决，华为人则加班加点解决客户的问题，重视客户的意见。欧洲公司要用1年时间才能解决的问题，华为只要1个月就能制订出解决方案来。很多欧洲公司没有加班的习惯，而华为早就将工作与生活融为一体，不管客户提出什么意见，都能够快速地给出反馈。这样的努力被欧洲的客户看在眼里，也为华为赢得大量的机会。

进入智能手机行业以后，华为的努力更是惊人。华为的智能手机最开始只能走低端路线，成为充话费送手机的代表。短短几年时间，它已经是国产高端机型的代表了，从国内到国外，不管是专业的评测人员还是用户，都承认了华为的地位。华为已经真正成为民族的骄傲。互联网上，有人做了一个视频，讲述华为手机是如何一步步进化的。除了看到华为不断的进步外，我们更要看到这不断进步的背后华为付出了多少努力。就如任正非所说，只有不断努力，才能有机会。

机会不完全取决于运气，更取决于实力。当你觉得没有遇到机会时，要想一下是不是自己不够努力，还没有获得机会的资格。世界上没有什么是完全公平的，机会也不是，它不会落到那些不努力的人头上，只会向不断努力、不断变强的人伸出橄榄枝。如果我们为机会可能降临的地区画一个范围，那些抱怨自己缺少机会的人，真的有资格走进这个区域、接近这条线吗？

在信息相对封闭的过去，信息量的不平等造成人与人之间的巨大差距，这时天赋的优势就被最大化了。"天才"二字在成功这件事情上所能占到的比例甚至远超努力，这也是努力不断被人看淡的一个重要原因。但如今的信息化社会，人们可以接触到更多的东西，只要你想努力，想要让自己变得强大，你总能够找到发展路径，发现一些自己需要的东西。天才虽然仍然是天才，但在成功中所占的比例已大大缩小。如果你不够努力，和别人的差距只能不断变大，那还有什么资格抱怨自己怀才不遇、别人有机会而自己没有呢？其实，哪有那么多的怀才不遇，大部分认为自己怀才不遇的人，只是没有看清自己和别人有多大的差距而已。

纸上得来终觉浅，绝知此事要躬行。想象中的世界总是和现实相差很远，你觉得自己和别人只差了一个机会，殊不知正是因为你和对方有差距，机会才没有选择你，而是选择了别人。只有当你足够努力，不断前进，等到机会降临时，才会发现过去的想法是多么可笑。所以，当你觉得自己距离成功只差一个机会的时候，其实也说明了你比竞争对手还差得远呢。只有努力提升自己，才有可能走进机会能够降临的区域，真正获得机会。只在原地感叹为什么机会不肯降临，只要有一个机会觉得自己就能成功的人，永远不会等到那个机会。

想要获得机会，就要抛弃自命不凡、怀才不遇的想法，抛弃自己和成功之间的距离只差一次机会的念头。真正能够赢得机会的人，会将自怨自艾的时间用在努力上。如果机会不肯来找我，我就不断努力、不断前进、不断靠近机会。山不来就我，我便去就山。机会不肯眷顾你，只是因为你站得太远，远到机会看不到你，而努力是缩短这个距离的最佳方案。

扎克伯格：每个灵感都可能是你的机会

作为世界上有名的社交媒体的创始人，扎克伯格是个非常谦虚的人。这种谦虚不在于他对公司的态度，而是在于他对自己的态度，对自己究竟为什么能成功的态度。

扎克伯格曾在公众面前表示，自己的成功没什么大不了的，很大一部分是因为运气。如果没有足够的运气，他也不可能成功。这种自谦被不少人当成理所当然，当成一个事实。实际上，扎克伯格的成功绝不能归咎于运气使然，他敏锐地抓住能够抓住的每个机会，抓住每个稍纵即逝的灵感，这才是他成功的秘诀。

扎克伯格出生在一个牙医家庭，从小就对计算机之类的东西非常感兴趣，所谓知之者不如好之者，就是如此。他总是能够在技术方面比别人进步得更快。后来，他学习了心理学，让他做的一些小东西更加具有新鲜感和趣味性，很受同学欢迎。

这件事情给了他一个灵感，那就是技术的运用如果能够满足人们的心理需求，远远比更高超的技术更有价值。于是，他在高中即将毕业的时候，和几个同学一起制作了一个MP3插件，这个插件可以收集人们听音乐时的喜好，并进行推荐，还能生成播放列表。这让扎克伯格从一个小天才变成炙手可热的新星。很多公司向年仅18岁的扎克伯格递出橄榄枝，希望他能够加入。其中，最大牌的就是微软，并为他开出高达上百万美金的年薪。但这并没有让扎克伯格改变想法，他按部就班地进入了哈佛大学读书。

进入哈佛大学的扎克伯格除上课之外，还经常自制一些有趣的小玩意，如哈瑞·刘易斯的六维人际关系和课程选择等。但最终让扎克伯格产生制作Facebook灵感的是一款名叫Facemash的小玩意。2003年，扎克伯格19岁，在这个情窦初开的年纪，他喜欢上了一个女孩。不过，他也有这个年纪男孩普遍存在的问题，那就是害羞。扎克伯格看着这个女孩的一举一动，一直到这个女孩有了男朋友。

扎克伯格为此伤心了很久，但他很快就想到自己可以用计算机做点儿什么，如找到更好的女朋友。他收集了大量美丽女孩的照片，不仅有他的同学、他认识的人，甚至还包括大量的陌生人。在不断翻看漂亮女孩照片的过程中，他发现自己没那么难过了。他认为这是漂亮女孩的力量，既然漂亮的女孩有如此强大的力量，自己为什么不找到更多的漂亮女孩的照片呢？于是，他马上行动起来，将哈佛大学所有女学生的照片下载到他的计算机里。

这件事情很快就被扎克伯格的朋友知道了。女孩对这些年轻人有着非比寻常的吸引力，他们找到扎克伯格，分享了他的劳动成果。其中一个朋友告诉扎克伯格，既然他已经掌握了如此多的照片和资料，为什么不把这些东西放到网站上，让学校的其他学生为这些人评分，选出真正的校花呢？这个点子让扎克伯格觉得不错，他马上制作了一个叫Facemash的网站，将这些资料放了上去。

扎克伯格将这个网站小规模地分享给了他的朋友，并且叮嘱他们保密。但是，这种新鲜的玩意，谁能封住自己的嘴巴呢？马上，

Facemash就风靡了整个哈佛大学。很快，Facemash就引起了哈佛校方的注意，他们认为，扎克伯格所建立的Facemash是个非常低俗的东西，不仅侵犯了人们的隐私，还表现出对女性的不尊重，勒令扎克伯格关闭。令扎克伯格没有想到的是，Facemash关闭以后，非常多的人找到扎克伯格，抱怨说Facemash这样一个有趣的东西真的不该被关闭。

人们对Facemash的喜爱让扎克伯格意识到，这是个天大的机会。人们喜欢Facemash，如果能够解决隐私问题和女性问题，它会成为一个人人喜欢的网站。就这样，他制作了Facebook，一个能够在上面让你找到所有在哈佛大学注册了的同学的软件，并且还提供与对方在线交流的方式。

一个灵感的火花，如果能够抓住，就会变成一次难得的机会。其实，机会并不罕见，总是在我们身边出现。一个念头，一个想法，一次创新，一个创意，都可能成为一次机会。

但是，能够马上抓住的人，却少之又少。Facebook之所以出现，最初和创业、拼搏、奋斗、梦想都没有关系，一切不过都源于一场恶作剧。如果再往深一点说，不过是源于一个19岁少年一场无疾而终的恋爱。一次失恋可能让人消沉、痛苦，也可能会想让人做点什么。任何时候闪现的火花，只要能够拿来做点什么，可能就是一次千载难逢的机会。

扎克伯格说自己是幸运的，或许他真的有些幸运，但没有人能够一直幸运下去。靠幸运得来的机会，不可能让一个人获得彻底的成功，更不能让一家公司长盛不衰。扎克伯格不仅是幸运的，更是有才能的、敏锐的。

　　如果我们想要得到一个机会，不一定非要等待别人的恩赐，最大的机会往往来源于我们自己。俗话说得好，靠山山倒，靠人人跑，最靠得住的还是自己。如果我们能够留意自己的生活，留意生活中每一个闪烁的火花，抓住每一个灵感，相信很快就能找到只属于我们的机会。

第二章　别不信！
DIERZHANG　这个世界不会给你第二次机会

机会之所以难得，是因为它总是稍纵即逝，来也匆匆，去也匆匆。没有人能知道机会什么时候来，也没有人知道机会能等你多久。珍惜一切能够获得机会的办法，珍惜机会可能到来的每分每秒。如果你错过了一次机会，不知你今生能否还会遇见第二次。

机会天天来敲门，当时你在哪？

　　每个人都想要机会，很多人觉得自己和成功只差了一个机会。机会那么罕见吗？其实不然。看看我们的身边，不少人得到过机会的眷顾，因为意外的机会而改变了命运。特别是在这些事情就发生在身边的人身上时，人们除了羡慕还会嫉妒，背后偷偷啐上一口，骂上一句"幸运的小子"，是再正常不过的事情了。

　　机会其实并不罕见，甚至可以说每天都会来敲门，但问题是，机会来敲门的时候，你在哪里？如果机会来敲门时，你不在家，机会落在别人头上，你还有什么可抱怨的呢？

　　赵欣是一家报社的记者，他一直认为自己是个非常有才华的人，距离成功差的仅仅是一个机会而已。他从刚刚入职的时候就一直在等着机会，迫切地渴望得到一个大新闻，遇到一些大事件，有机会写出一篇能够真正展现自己实力的稿件，一夜成名。

　　理想是美好的，现实却显得那样单薄。在三年的时间里，他就没有碰见过什么大事，每天的工作千篇一律，看不见机会，无聊至极。

　　就这样，赵欣逐渐放弃最初的想法，觉得机会可能不会降临到自己身上，每天都绷紧神经，时刻准备着的生活，他有些承受不住了。于是，他开始放松下来，不再将过多的精力放在工作上，平时有时间也不像以前一样充实自己，而是开始享受生活。每天下班以后，和朋友聚聚餐，去KTV唱唱歌，陪女朋友看看电影，赵欣觉得现在的生活比之前舒服多了。

就在赵欣开始放松自己、享受人生的时候，机会来了。一天晚上，当地发生了一个重大事件。对于记者来说，这简直就是一报成名的最佳机会。这件事情发生的地点就在赵欣家附近不远的地方，领导马上给赵欣打电话，要求他前往事件发生的地方做第一手报道。

赵欣马上一愣，虽然发生事件的地点在他家附近，但当时他并不在家。为了不耽误时间，他赶紧和领导实话实说。领导也没含糊，马上叫他联系另一个同事，两人同时赶往现场，不管谁先到，每人赶快写出一篇报道。赵欣马上赶赴现场，凭着他对该地区的熟悉，很快就搜集到足够的信息，回家去写报道。赵欣的同事几乎和赵欣同时赶到，搜集信息的时间比赵欣用得多，最后写出的报道也远比赵欣的要好。第二天，赵欣的报道没有见报，领导选用了同事的文章。

这件事情让赵欣懊悔不已，自己苦等已久的机会就这样失去了。如果自己能够保持上进心，平时多充电，写的报道就不会那么平凡、那么普通，见报的可能就是自己的文章了。可惜，这个世界上没有那么多的如果，送到眼前的机会就这样失去了。

命运是奇妙的，谁也没有办法保证机会来的时候，我们究竟在不在家，但要想得到就必须付出，不断努力提升自己，不要等机会来敲门的时候，才后悔自己为什么没多坚持一下。

苏格拉底在给学生上课的时候说："同学们，我们今天不讲哲学，只要求大家做一个特别简单的动作，就是将手先后摆动三百下，每隔几天我会问一次，看谁坚持的时间最长。"几天以后，苏格拉底再次上课，他询问学生，有谁将这个习惯保持了下来，结果一大半的学生举手。又过了几天，苏格拉底再次询问有谁坚持了下来，这次举手的学生比上次少了很多，只有一半的人。时间过了一年之久，苏格拉底再次问这个问题时，举手的只有一个，那就是柏拉图。

想要保持一个没有兴趣的习惯是很难的，想要持续做一件没有明显利益的事情更是难以让人坚持，但这样的事情往往与机会有着千丝万缕的联系。学习相比于看电影、玩游戏、和朋友聚会，简直是无聊透顶的。但如果你想要得到机会，想要成功，它就是一个必不可少的条件。只有当你保证自己的能力，保证每天都全神贯注时，才能听到机会来敲门，而且你刚好就在。

机会经常出现，只是出现时你未必刚好就在。那些能够得到机会的人，有些人刚好遇到了机会，而有些则是像猎人一样埋伏了很久，才能捕获到一次宝贵的机会。每个人都想要做那个运气好的人，但运气好这件事情却不能仅通过努力就可以做到，更不是仅通过学习就能成功。相对于不可控的运气，去当一个机会猎手，反而是获得机会的最好途径。

所以，不要认为自己从来没有碰到过机会，也不要认为自己的坚持没用。你没有办法保证当你遇到机会的时候就一定能够成功，但至少要做到当机会来敲门的时候你刚好就在。如果只期待着靠运气得到机会，那么等到机会来敲门的时候，你刚好又不在，这时再后悔已经来不及了。

机会稍纵即逝，不可复制

时间不等人，人们常常这样劝诫自己，让自己更加珍惜只会减少、不会增多的时间。其实，机会和时间一样，同样不等人，世界上从来没有两个完全相同的机会。如果这一次你遇见了机会，没有马上抓住，它将永远不会出现在你的眼前。即便有看似相同的机会，也不会是一样的。

人们经常会问一个问题，那就是你后悔过吗？有人会嘴硬地说："有什么好后悔的？反正事情都已经过去了。"实际上，人越是年纪大，就越会后悔。不是因为失去勇气，被这个世界磨平了棱角，而是因为年纪越大，就会发现自己失去的机会越多。在这些失去的机会中，或许有一个就能够彻底改变自己的命运和人生。

曾听过50岁的人说后悔，他觉得自己从部队复员时没有抓住机会，选择了一家虽然不怎么辛苦但也没什么前途的企业，导致自己庸碌了一生。曾听过40岁的人说后悔，他没有把握住下海的机会，将自己所有的钱贷款买了一套房，从而被这套房子困住，一辈子都在做不自由的工作。曾听过30岁的人说后悔，后悔自己选择公司时没有再慎重一些，没有在年轻的时候多多提升自己、更拼命一些，导致现在的工作不上不下。曾听过20多岁的人说后悔，后悔自己年纪还小的时候没有努力学习，认为成绩普普通通就可以了，将大量的时间用在玩乐上，没有考上好的大学，没有到大城市去，如今也难以找到一份好工作。

　　人生中有很多机会，有很多选择，有很多岔路口。如果不能当机立断做出选择，拥有选择权的就不再是你，你则变成被选择的那个。

　　小李一直为一件事情后悔至今，曾经有个能改变他命运的机会就摆在眼前，只是因为他的一时犹豫，最终错过了。小李是一家杂志社的编辑，平时负责文字工作，收入不算高，距离小李的目标相差甚远。他有一些朋友，也是做文字工作的，平时大家就在QQ群里闲聊，谁有可以赚外快的兼职工作，也会分享一下。

　　每月月底是杂志要发刊的时候，小李就会格外忙碌，不仅要校对文章，还要根据版面调整文章。月底加班对他来说是一件常事，有些时候太忙，将工作带回家里做也是司空见惯。可就在月底的时候，QQ群里认识的一个朋友发来一则消息："小李，我手上有个好活，你有兴趣吗？"

　　小李看了消息，马上回复过去："你都说是好活了，怎么可能没有兴趣？"对方神秘地说："可以告诉你，但你可别告诉别人，这个工作要保密。"小李不是什么大嘴巴的人，当即答应了下来。原来，对方接了一个将小说改写成剧本的工作，由于时间太赶，需要多几个人，每人负责一部分。

　　一看价格，小李马上就明白好活是什么意思。工作轻松，报酬却很多，这让小李颇为动心。唯一麻烦的是，这份兼职催得很紧，如果他应承下来，就要马不停蹄地工作。杂志社那边的事情月底比较多，于是小李有些犹豫，到底要不要接下这份工作。他一时拿不定主意，只好和对方说："我想想，这几天也挺忙的，明天给你答复。"对方不太满意地说："那你可快点，这活要的人多，我不可能只通知你一个，明天可能就没有你的份了。"

这个晚上，小李一边处理杂志社的工作，一边想了很多。如果自己承接了这份工作，月底必定会马不停蹄地赶稿，连睡觉的时间都要被压缩到四五个钟头。如果这样的兼职只有这一次，不干也无所谓，但如果通过这个兼职为自己找一份出路，从杂志的文字编辑变成编剧，可以说能彻底改变自己的人生。第二天，小李马上联系对方说，自己愿意接下这个兼职。结果，对方告诉他，昨天除了他，几乎所有人都马上答应接下这份兼职，现在工作已经分配完了。没办法，小李只能安慰自己，得之吾幸，失之吾命。也许，这份兼职只有这一次呢？

根据墨菲定律，事情总会向着糟糕的方向发展。几天以后，小李才知道自己失去了什么。那几个做了这份兼职的人，真的借着这次机会搭上对方的公司，成为兼职剧本作者，改变了自己的命运。

机会总是稍纵即逝，别说一个晚上，哪怕短短几分钟，就有可能让他人先看到这次机会，抢在你的面前做出决定。能够改变人生的机会不多，我们不能去赌，不能假设这次机会不够好，或者因为各种原因而放弃。当我们遇到一个机会的时候，总是要尽力试一试，并马上行动起来，否则只能看着比你更有魄力的人拿走你的机会，留你一个人在原地打转。

很多人不能成功，最大的问题就是想得太多，总是瞻前顾后，不行动害怕得不到，行动又怕有损失。人生中没有十全十美的事情，如果总是瞻前顾后，不管做什么都要花费比别人都长的时间做决定，你怎么可能拥有机会呢？机会属于那些当机立断的人，属于那些具有行动力的人，瞻前顾后，只能看着机会溜走，看着别人享受那些本该属于你的机会。在人生的某一天想起这件事情时，留给自己无尽的后悔。遇到机会，就要马上行动起来，不要让自己做那个后悔的人。

不抓紧机会，你在等谁？

你也想要机会吧，因为机会是个好东西，每个人都想要。渴望获得财富的人，一个好的机会就能让他发家致富；渴望成功的人，一个机会就能让他小有名气；渴望爱情的人，一个机会就可能让他获得终身幸福。机会谁都想要，而偏偏又是那样难得。不管是谁，在机会面前都不会谦让。但有些人，面对机会时犹豫不决，最后也没有获得机会，不是因为机会溜走了，而是因为它被人抢走了。

小风最近一直在苦恼一件事情，那就是他不知道要如何跟同事相处。进入职场之前，他就曾经想过这样的事情，但不曾想到，自己遭遇的居然是最糟糕的那种。在他们的工作小组里，有一个资历较深的同事，社交能力极强，八面玲珑，不管和谁都能面带笑容地聊上几句。他觉得这位同事相当不错，也想要跟他成为朋友。

一段时间以后，领导分配给他一项工作，和日常工作有些不一样，稍微有些挑战性，但是个不错的展示自己能力的机会。就在小风满面笑容地想要接下这个工作的时候，那位同事站出来说："领导，小风才刚来，让他做这种有难度的工作是不是不太合适，不如把这个任务交给我吧，等小风熟悉一段时间，再接这种任务。"领导看见同事主动站起来，面带笑容地说："给一个新同事分配这种工作，即便是试验一下能力也有些太难了，的确是我有些欠考虑，那就按你说的，你来做吧。"

　　这件事情让小风觉得有些不舒服，看似同事是爱护自己，但实际上却让自己失去一次证明自己的好机会。不过，小风又一想，算了，机会总是有的，下次自己对工作就熟了。结果，中午吃饭的时候，小风无意间听见别的小组的人窃窃私语，只模模糊糊地听见几个字，大概是"新的受害者""这孙子又来这套"之类的话。小风很奇怪，这难道是在说自己吗？他按捺不住自己的好奇心，于是凑过去："请问，你们在说谁啊？"

　　那两个其他组的同事互相看了一眼，四处张望了一下，对小风说："既然你听见了，我也就当一次滥好人，跟你说说吧。"接着，小风就对上午的事情彻底改变了看法。原来，这位同事一贯喜欢抢走别人的好机会、好客户，在领导心里，他的工作能力是很强的，但每个人都知道，他虽然嘴巴会说，但在工作沟通方面却差劲得不得了，工作能力也是平平。小风好奇地问："他这么做，就没有人生气吗？"那几个同事说："他这人强势，攻击性又强，全靠抢资源才能在公司立足。谁阻止他，就是抢他的饭碗，他马上就会跟你翻脸，谁愿意招惹这样的破事儿。"

　　一开始小风还不信，后来经过观察，他又多次抢了其他同事的机会。旁敲侧击之下，有几个同事遮遮掩掩地表示了对那个同事的不满。小风想要集合其他同事一起找领导，但被同事们拦住了。同事们告诉他，领导最器重的就是他，每次他都能抢到最好的资源和客户，所以也有最好的成绩。之前有人找过领导，不仅没有什么结果，反而被扣上一个不团结、缺少团队精神的帽子。小风左思右想，也没想到什么能够阻止他的办法。既然阻止不了，那就只能先发制人了。

没多久，公司又有一个好的项目要交给他们组来执行。小风一想，那位爱抢别人机会的同事肯定会想尽办法将机会抓到自己手里，那么自己不如先行一步。于是，他在领导公布人选之前，抢先来到领导的办公室，说："领导，我入职也有几个月了，平时工作还算做得顺手，觉得自己能胜任更大的挑战、更困难的任务了。我听说今天有个新任务，能不能先给我，我保证会积极和同事沟通，绝不会一意孤行地把事情搞砸的。"领导想了想，同意了他的请求。于是，小风成功地抢到一次机会。

又有一次，领导想要把工作安排给另一个同事，那个爱抢的人又跳了出来，正要说话时，小风马上说："我也觉得这个任务应该交给他，领导您做的这个决定实在是太英明了，谁敢说他不合适，我第一个不服。"那位同事跳出来以后动了动嘴唇，最后什么也没说，又跳了回去。

从那以后，组里的几个同事互相帮衬，避免让那个爱抢机会的同事有机可乘，每次都有人抢在他之前肯定领导做的决定。几次以后，那位爱抢的同事也抢着开口了，但每次都把任务往自己身上揽，非常急迫，而且工作效率并不高，这种行为很快引起领导的反感。又过了几次，不管他用什么借口抢别人的机会，领导也不会听他的，不再把机会给他了。

如今的社会资源分配，说要靠"抢"一点都不为过。社会资源虽然越来越多，但是人的野心也越来越大。随着科技的发展，一个人的能力所能支配的资源远超过去，在人工智能时代还会增加。所以，社会资源实际上是越来越少。没有足够的社会资源给予支持，人很难成功，可以说，社会资源是成功机会的基础。面对社会资源，你不争，自然有人争；你稍微慢一点儿，别人就会抢在你的前面拿走本该属于你的东西，得到本属于你的机会。

你还想要获得成功吗？如果在机会面前你还犹豫，不好意思，觉得自己不能表现得太急功近利，那这个机会就可能不属于你了。别害羞，别不好意思，别怕和人翻脸，因为谁也不会知道你失去的一次机会究竟有多重要。永远要记住，机会转瞬即逝，不仅是因为机会来得快去得也快，更是因为你的身边还有很多手快的竞争对手，一不注意，机会就已经到了别人的手里。

幸运之神的降临，往往因为你多看了一眼

幸运之神是一个美丽而性情古怪的"天使"，她会骤然降临在我们身边，高傲得迫使所有人必须对她葆有足够的尊敬。若是我们稍有冷淡，她便将悄然而去，不管怎样扼腕叹息，都不再复返。

我们要如何做才能赢得幸运之神的关注和眷顾，进而在成功的道路上有所建树呢？答案是：学会相信自己，执着地追寻成功的机会，即使深陷忧患，哪怕机会只有万分之一。

瑞士发明家乔治·德·曼斯塔尔一直想发明一种能够轻易扣住又能方便脱开的尼龙扣，但几经试验，都没有显著的成果。直到有一天，他去郊外打猎经过一片牛芳草地时，发现自己的毛料裤上粘了许多刺果。

曼斯塔尔并没有立即摘除毛料裤上的刺果，而是盯着它看了半天，回到家里，他立即用显微镜仔细观察，进而发现刺果上有千百个细小的钩刺勾住了毛呢料子。这使他顿然得到灵感：刺果是不是可以用作扣件呢？

受此启发，曼斯塔尔发明了以一丛细小的钩子啮合另一丛小圈环的新型扣件——凡尔克罗，这是一种能轻易扣住的尼龙扣，脱开时又非常方便，不易生锈，小巧轻便，还可以用水洗。

从此以后，这种尼龙扣广泛应用于包括服装、窗帘、椅套、医疗器材、飞机和汽车制造业在内的各个领域，曼斯塔尔因此获

得各种声誉。无论是在物质生活中还是在精神理想上，都成就了他一生的辉煌。

牛芳草具有勾附外物的特点，这是大自然赋予它的能力。但是，太多的人对这种现象视而不见，唯独被认真的曼斯塔尔发现，并利用其造福人类，这是因为曼斯塔尔能在显微镜下"多看它一眼"。

生活中，是否能够把握住机会，在很大程度上可以决定我们是否有建树。机会能为人们提供各种线索，有的明显，有的隐蔽；有的真实，有的虚假；有的似是而非，有的似非而是。如果我们不对它们进行认真的审视和筛选，就可能漏掉有价值的线索，也就难以及时发现和抓住机会。

所以，幸运也好，忧患也罢，我们切不可抱着漫不经心的态度，一定要善于发现机会，抓住机会，重视机会，努力将它变为成功。

青霉素的发明，就是一个典型的例子。

自从伦敦大学圣玛丽医学院毕业之后，英国医学家亚历山大·弗莱明便把细菌学研究当成他的全部事业。由于他的研究对象是能置人于死地的葡萄球菌，需要经常培养细菌。

1928年，弗莱明将一个葡萄球菌培养基放在试验台阳光照不到的位置就出去了。回来时，他发现由于盖子没有盖好，靠近封口的葡萄球菌被溶化成露水一样的液体，显示为惨白色。在所有细菌培养基中，封口必须是封闭的，看来这次实验又失败了，弗莱明有些苦恼。

弗莱明刚想把这个"坏掉"的培养基扔掉，但又看了看，心想："这是什么物质呢？一定有一种奇特的东西，把毒性强烈的葡萄球菌制服、消灭了。"于是，他对封口的泥土进行化验和提炼，仔细观察、分析，终于，一种能够消灭病菌的药剂——青霉素，被发现了。

次年6月，弗莱明发表了相关论文，人类医疗事业从此翻开新的一页。弗莱明也因此在全世界范围内赢得了25个名誉学位、15个城市的荣誉市民称号以及其他140多项荣誉，包括诺贝尔医学奖。

巴尔扎克说过："机缘的变化极其迅速，显赫的声名总是无数的机缘凑成的。"这并不是说幸运的机缘多么吝啬，而是要我们善于发现机缘。这种善于便是比他人再"多看一眼"，不放过任何可能。

总之，很多忧患中蕴藏着重要价值，但这不是能够一眼望穿的。我们必须相信，忧患中隐藏着各种机会，并善于从各个角度多加观察，往往多看一眼就会有新的转机，让我们把握住机遇。

你是否曾一时害怕，如今悔不当初

害怕或者说是恐惧，是每个人都有的情绪。这个世界上，从来没有无所畏惧的人，有人害怕黑暗，有人害怕鬼怪，有人害怕未知的东西，有人害怕失去。人们害怕的东西千奇百怪，甚至有些是你每天都会看见，或者从未见过、听过的。

害怕是一种糟糕的负面情绪，不仅可以左右你的选择，封锁你的脚步，让你在面对一切的美好时望而却步；害怕还是一种短暂的情绪，很少有人一直处于害怕的情绪中。但就是这短短的瞬间，害怕就可能让你错过属于你的机会，扭转你的命运，改变你的一生。

老何和老胡是好朋友，也是一对搭档。两个人从20世纪80年代就开始驾驶长途货车，到现在已有20多年了。

随着年纪逐渐增大，老何开始觉得自己有些力不从心，开车时总是想要睡觉，疲劳感也是一天比一天强。他觉得再这样下去，开车不是长久之计，再加上这些年自己也有了一定的积蓄，不如用这笔钱做点小生意。一天，老何找到老胡，对他说："你开了多少年车？"老胡心算了一下，说："快25年了吧，时间过得真快。"老何又说："这么多年还没开够吗？"老胡马上回答说："早就开够了，如果可以，我一天都不想开了，但不开车能干什么？孩子马上大学快毕业了，如果找不到好工作，肯定要拿钱给他干点什么的。就算找到了工作，结婚时还得买房、买车。哎，这车还得开……"

老何拿出一支烟递给老胡，自己也点上了一支，说："你儿子不是还有两年才毕业吗，你急什么，不如这两年我们拿着这些年攒的钱干点儿什么。听说去俄罗斯卖鞋不错，虽然苦了点儿，但做得好的话一年能赚将近一百万。"

一听一百万，老胡的眼睛马上亮了起来，对老何说："怎么着，你打算去啊？"老何吸了一口烟，说："能赚钱，干嘛不去，我是真的不想开车了，精神头也跟不上了。我儿子刚上大学，还不着急，如果你想去，咱俩搭个伴，还能有个照应。"

老胡思考了一会说："都赚钱了吗？有没有赔钱的？"老何似乎听到什么笑话一样，笑了几声说："做生意哪有都赚钱的，有赚钱的就有赔钱的呗，听说好几个在俄罗斯赔的裤子差点儿卖了，就是为了买车票。"

一听可能要赔钱，老胡有些害怕，对老何说："你说咱俩赔钱的面儿大，还是赚钱的面儿大？"老何说："那谁知道，要看本事。你没做过生意，我也没做过生意，不过我在那边认识几个人，有人帮衬应该问题不大。"听了老何的话，老胡不仅没有感到安慰，反而更害怕，说："算了，我还是趁着房子便宜，先给儿子预备一套吧。做生意，咱没那个发财的命。"老何没有再劝，说："你想好了？我过了年就要去。"老胡没再说话，点了点头。

过了年，老何就和妻子一起去俄罗斯开始做卖鞋的生意。这个过程非常艰难，老何长期水土不服，刚去的几个月连床都下不了，全靠妻子一个人支撑。语言不通，衣食住行都不适应，还经常遭到当地警察的刁难。当然，老何夫妇都挺了过来。刚去的第一年，两人没有赚到一百万，但也收获颇丰。第二年时，老何夫妇已经习惯了俄罗斯的生活，并且真的赚到了一百万。为了庆祝，他们还进行了一次欧洲行。老胡在朋友圈刷到老何的照片时，悔不当初，想如果当时自己不害怕失去，是不是也和老何一样，现在已经在欧洲旅行了呢？

因为害怕，你停止过做某件可能对你很有利的事情吗？因为风险，你在机会面前退缩过吗？其实，人生中的每件事情都有风险，只是有些事情因为我们已经习惯了，收益较小，风险也很小。如果因为害怕而不肯抓住本来应该能够得到的机会，那不是典型的因噎废食吗？因为害怕噎死而不吃东西，和害怕风险而不肯抓住机会，是一样的。但是，看见疑似机会的东西就马上冲过去，似乎也不是好的选择。很多机会伴随风险，并不适合每个人，贸然冲上去是有勇无谋。那么，面对机会，我们究竟应该怎样做呢？

丰富的经验能够帮助你判断这究竟是一次机会还是一个陷阱，能够告诉你主动接触这次机会时，能够得到的回报如何。如果你具有丰富的经验，拥有规避风险的能力，就可以大胆尝试，抓住那个近在咫尺的机会，而不需要害怕。

强大的能力是我们最坚实的后盾，没有什么比过人的能力更让人放心了。很多人在面对机会时敢于放手一搏，不仅是因为他们有着强大的自信，更是因为他们相信自己能足够驾驭这次机会，让自己在面对风险的时候能够乘风破浪，不被风险所击倒，突破重重险阻，赢得宝藏。

我们发现了一个机会又不能确定自己能否从中获利时，不妨根据风险和收益做一个风险评估。如果这次机会有较大的收益，即便遭遇了风险，不妨尝试一下。如果这次机会虽然看起来非常美妙，但实际获得不多，不会对自己造成长久影响，那么在没有把握的时候，就可以选择放弃。

　　每个人都会害怕，但成功抓住机会的人都成功地迈过了害怕这个关卡。不是因为他们到达无所畏惧的境界，而是他们或是拥有强大的能力，帮助他们渡过难关；或是有信心在失败之后能东山再起；或是有充足的经验，告诉他们这次机会是可行的，即便有风险，也可规避；或是因为他们做了充足的风险评估，认为这次机会会带来巨大好处，失败的损失也在可承受的范围内。做好这些，害怕这个难关将不攻自破。没有什么比未知更加可怕，但也没什么比四两拨千斤更加美妙。当你遇到机会，把未知变成已知，哪怕只知道一小部分，也不会再止步不前。

犹疑导致落后，拖延带来消亡

犹疑和拖延是成功路上最大的两块绊脚石。人们经常用犹疑和拖延开玩笑，甚至还创造出"懒癌"和"拖延症"这样有趣的称呼，但这并不能让它们的危害减少丝毫。如果说一个有严重拖延症的人还能够抓住机会，获得成功，要么他是天选之子、幸运儿，要么就是一个无人能及的天才。真正的幸运儿和天才少之又少，作为一个平凡的人，犹疑与拖延是万万要不得的。

小新是个大三学生，这时似乎来到了命运的十字路口，要考虑大四的时候究竟是全力以赴考取研究生，还是找工作呢？他想要好好分析一下利弊，请教一下学长，思考自己的未来。但每当开始做这些事情时，他就习惯性地拖延了，心想反正还有一年呢，先好好上课、好好玩，让自己过一段舒服的日子。就在他的这种拖延中，大三一年很快就过去了。

上了大四，小新似乎到了做决定的时候，虽然面前有考研和工作两条路，但他还是不能马上做出决定。身边的朋友，有的已经开始外出实习，有的开始准备考研，只有他每天还想着玩一会儿游戏再开始思考自己究竟要做什么。转眼间，一年又过去了。

小新毕业时，他的父母问他有没有出去找工作，他这才慌了手脚，对父母撒谎说，自己早就计划考研，暂时不找工作了。小新的父母听了小新的话，觉得小新很上进，决定支持他，让小新在家里好好复习，能够顺利地考上。

　　这次，小新决定痛改前非，向过去那个拖延的自己告别。他制订了详细的计划，每天早上8点起床吃早饭，8点半开始看书；中午11点半吃午饭，1点半开始看书；下午6点开始吃晚饭，看书看到8点，娱乐两小时，10点钟睡觉。但结果并不理想。小新每天早上吃过饭以后都会打开电脑，想着玩一个小时再好好工作，不然心里总是惦记着别的事情，静不下心来。结果，一个小时慢慢变成两个、三个、四个……这样的状况，持续了两年。

　　宝贵的两年时间，小新的同学，有的研究生要毕业了，有的迎来了人生的第一次升职，有的已经结婚。小新对自己的拖延懊悔不已，决定不再考研开始工作的时候，已经晚了所有同龄人一步。更糟糕的是，他不算是应届毕业生，更没有工作经验，找工作时格外艰难。

　　拖延是人生的大敌，即便是稳定的人生，一旦开始拖延，也会偏离轨道，去往未知的地方。豆瓣上曾有一个问题，就是问大家因为拖延症曾导致过哪些严重的后果？回答这个问题的人数不算多，但每一件都触目惊心，可以说是影响了正常的人生轨迹。因为拖延症，有人不能顺利毕业，有人让留学变成泡影，有些人变成上司的"眼中钉"，有些人让公司蒙受数十万的损失……你猜猜，他们究竟失去了多少机会？命运是否偏离了本来的轨道？

　　想要根治拖延症，是一件非常困难的事情，但也不是毫无办法。如果你觉得自己开始有拖延症的苗头，以下方案可以给你一些帮助。

　　第一，建立责任感。责任感是拖延症的最大对手。人们习惯性地拖延，往往是因为对自己不负责，认为反正是自己的事情，拖延到最后受损失的只有自己，良心不会受到谴责。其实不然，人与人之间有着密切的联系，你的一举一动除了是自己的事情外，同样影响其他人。学生不能顺利毕业，他的父母就会失望，在他的事情上花费更多的心思和金钱。你在工作上拖延，受影响的还有你的上司、所在的部门，甚至整个公司。你的每一次拖延，都影响着别人，这是一种非常糟糕的行为。

所以，想要摆脱拖延，首先就是建立责任感，让自己在拖延的时候受到良心谴责和道德拷问。

第二，寻找一个榜样。人们都说榜样的力量是无穷的，对拖延症来说，同样如此。近朱者赤，近墨者黑，如果你能有一个勤奋、行动力强的朋友，治好拖延症的方法就是和他共同行动。他做什么，你就做什么，在榜样的带领下，你的拖延症会慢慢消退，甚至不药而愈。

如果你不能找到这样一个朋友，寻找一个对手同样可行。试想，如果你的竞争对手在不断努力，不断前进，想要将你抛在身后，你还能够心安理得地拖延下去吗？如果你真的被他甩开一段距离，到那时不管你说什么，也都会被当成失败者的酸话。竞争的力量同样是无穷的，一个好的对手，一个合格的竞争者，能够鞭策你不断前进。

第三，建立奖惩制度。即便身边没有人能够站在同一条路上，你的身边总有关心你的人愿意监督你，让你变得更好，如你的死党、你的父母、你的伴侣。你可以建立严格的奖惩制度，将一天要做的事情量化，如果达标，就能够获得奖励，如果未达标，就要受到惩罚。趋利避害是人的本能反应，建立一个合适的奖惩制度，将会强迫你改变拖延的坏习惯。

犹疑导致落后，拖延带来消亡，机会总是稍纵即逝，当拖延、犹疑最终成为一种习惯，会让你彻底成为机会的绝缘体。即便是有机会送到你的面前，你也会提不起劲头来，成为真正的废人。想要得到机会，获得成功，那就马上行动起来。

三心二意，小心机会跑掉

一寸光阴一寸金，寸金难买寸光阴。时间是公平的，每个人拥有的时间大致相同。但在这大致相同的时间里，人们往往会有不同的成就，让他们未来的道路上呈现出一种完全不同的状况。短短的人生里，想要做好一件事情非常困难，很多人的成功源自一生只做一件事情。有些人不能成功，则是因为他们的三心二意。一件事情还没有做好，就失去耐心，做另外一件事情；一件事情刚刚有起色，却又因失去兴趣，开始做另一件事情。这样的人，即便机会来了，对他来说，又有什么用呢？

老王是一家烧烤店的老板，虽然大家都叫他老王，其实他的年龄并不大，刚刚30岁出头。他对现在的生活非常不满意，开烧烤店既辛苦，又无聊。有人问他，为什么会开烧烤店呢？难道之前就没有干过别的事情吗？老王回忆了一下，其实他的人生并不是没有别的选择，并不是没有机会，反而是机会太多，让老王不知如何选择。最后，老王选择了他不喜欢的生活，完全是因为他的三心二意。

老王小的时候生活环境不好，家庭非常贫困，父母都外出打工，他是奶奶拉扯大的。他从小学习成绩不错，但是初中毕业以后，家庭条件不能继续承担他上学的费用。虽然他的舅舅表示愿意支持他继续读书，但他却主动选择辍学，到一家西餐厅做了学徒。

老王在厨艺上很有天赋，两年时间，他几乎将师傅的手艺学到了精通。按照他当时的情况，完全可以找一家西餐厅做厨师长助理，报酬颇为丰厚。他的师傅也极力挽留他，希望能够留他当个助手。

年轻的老王很有野心，虽然学成了手艺，却他没有想过留在别人的餐厅打工，想要自己开一家，因此需要一笔快钱。这时候，有人介绍给他一个工作，那就是去游轮上做西餐厨师。如果能够到船上做西餐厨师，一年能有几十万的收入，干上几年，就能够开一家餐厅了。但是如果做了这项工作，他一年也不能上岸几次。更让老王退缩的是，如果要去游轮上做厨师，他必须要先学英语，有日常对话的能力。反正游轮还有几个月才出海，老王有大把的时间考虑这件事情。但这段时间他也需要生活，于是他的一个远房叔叔给他介绍了一个在网吧做高级管理人员的工作。

老王开始时并不精通电脑和网络，但介绍给他这份工作的远房叔叔是这方面的高手。他学了一些基础知识，遇到解决不了的问题就咨询他的叔叔，很快就发现自己的水平已经很不错了。在网络的几个专业论坛里，他居然被称为大神。这给了他一个启示：如果他能够在这条路上走下去，是不是比当一个厨师更好呢？不用面对讨厌的油烟，不用花费太多的力气，也不用应付客人。于是，他决定在这条路上走下去。

当然，这个决心没有保持到最后，不然他也不会开烧烤店了。做了几年的技术人员以后，他发现自己这个野生的网络专家并不吃香。除了在网吧做些技术维护的工作外，基本上没有其他地方肯聘用他。自己开公司，还是存在那个问题，没有本钱。在他苦于自己要不要借钱开店的时候，又一个机会降临在他的头上。

　　老王的一个朋友是建设集团的业务经理，主要工作就是陪客户吃好、喝好、玩好，让客户满意，顺利签下订单。这一天，老王的朋友感冒了，喝不了酒，于是就拉上老王假冒他们公司的工作人员，一起陪客户吃饭。结果，老王的见多识广，让他很快就和客户打成一片，酒量也让客户非常满意，这笔订单谈得十分顺利。朋友感叹，如果老王干这一行，肯定能赚钱。老王听了也很心动，每天吃吃饭、唱唱歌，就能把钱赚了，何乐而不为呢？于是，他就辞掉了维护几个网吧网络的工作，成了一个业务员。

　　朋友没有看错老王，他很快就进入角色，为公司谈成不少订单，赚了不少钱。但是，这份工作却不像老王想得那么如意。无休止的酒宴让他非常痛苦，根据他的说法，做这份工作的两年，他每天晚上几乎就没有清醒的时候。更糟糕的是，他感觉自己的健康状况越来越差，体重直线上升，两年重了70斤。为了自己的健康着想，他最终辞去这份工作，报了个健身房。

　　当老王谈起他的疯狂减肥之路时，我是不信的。我也数次减肥，深知减肥是一件多么困难的事情。老王说，他用3个月的时间减掉70斤，一天要有10多个小时待在跑步机上。有些人早上来了看见老王在跑，晚上来的时候看见老王还在跑。老王飞速地恢复了英俊潇洒的样子，而代价是他的膝盖受到严重损伤。我认识他的时候，他蹲下以后很难自己站起来。从那以后，老王就没有什么雄心壮志了。他结了婚，开了这家烧烤店，过上平凡的生活。但是，每当谈起过去的时候，老王总会眉飞色舞，又黯然神伤。

　　老王的经历非常精彩。如果不是有老王不同时期的朋友做证，我是不敢相信他的故事的。老王是个幸运儿，短短30年，遇到了无数的机会。如果他好好读书，可能会上一所名牌大学，成为大城市小资白领中的一员；如果他肯在西餐厅当一个厨师长助理，如今他可能已经是年轻的厨师长了，在业内颇有名气；如果他选择学好英语，去游轮上当厨师，他现在应该已经有自己的西餐厅了……他有太多的如果可以假设，失去了太多的机会，而导致他失去这些机会的根本原因，就是他的三心二意。

　　一辈子只做一件事情，还能做得不好吗？这几乎是不可能的。用《卖油翁》中的话来说这件事情再合适不过："无他，但手熟尔。"我们在做这件事情的时候，能够积累大量的经验，提升在这一领域中的能力，成为专业人士。当我们有了这些东西时，不管什么时候，不管什么形式，只要机会到来都能抓住。如果我们三心二意，就很难做好这件事情了。

　　人的精力总是有限的，将所有的精力放在一件事情上未必能够做好，更遑论将精力分成几份。的确，有些天才一生中能够在很多领域取得成就，这样的人也不怕失去机会。更何况，如果你渴望得到机会，渴望能够有一个机会让你展示自己，专注是很必要的。

　　三心二意的人，不会得到机会的青睐。可能就在你变换心意、改变目标的时候，机会已经到你之前所在的领域找你了。你会和机会擦肩而过，永远不会再遇到它。当然，我们所说的一心一意，不是守株待兔、故步自封，不断进步才是获得机会的根本。

抓住机会，就是一瞬间的事

人们都在说机会，都在说自己缺少机会。有时候，机会是虚无缥缈的，难以辨认，稍纵即逝，所以才显得格外难得。

有些人辛辛苦苦等到属于自己的机会，却因为一瞬间的失误而失去，造成追悔莫及的后果。你有过这样的经历吗？苦苦等待的机会，因为一瞬间的错误决定而溜走。然而，还有一些人虽然才华、能力都不够，但凭着对机会的把握，抓住了那个瞬间，就能够过得比别人更好。

老张是国内某品牌乐器公司的工作人员，他就因为自己的一个瞬间失误失去了宝贵的机会。老张之所以会选择从事和乐器相关的工作，和他的经历分不开。他出生在一个北方的小镇，家庭条件还算不错。他的父母特别宠爱他，远远不是同等家庭所能达到的。老张从小就学习钢琴，在那个年代，那种规模的小镇，这种事情几乎不敢想象。老张一直觉得自己的天赋非常一般，但因为自己对乐器的热爱，让他很快就考过了钢琴10级。如今，说起钢琴10级的水平，老张总是一脸不屑，说不过是小孩子的玩意，实际上一点用都没有。

第一次让老张觉得机会如此重要的事情并没有发生在他的身上，而是发生在他的表弟身上。他的表弟比他小四岁，他大学毕业时，正值他表弟考大学。老张学的是日语专业，毕业后却发现找工作不像想象的那样容易。幸好他会弹琴，也算是有一技傍身。经过反复的寻找，他成为当地某剧场的工作人员，是个临时工，一天收入80元。但那是一个省会城市，80元的日薪能干什么呢？除去租房子，只勉强够温饱。老张就纳闷了，自己的大学不错，还会弹琴，日语水平也可以，为什么在这个城市只能拿一个月2 400元的薪水呢？小马的经历，让他更加觉得机会是如此重要。

小马成绩一般，高中毕业后没有继续上学，整天无所事事，除了出门玩游戏就是在家玩游戏，安心地当起啃老族。小马的父母非常不高兴，每天都在他的耳边念叨，让他好好找个工作，不求能赚多少，养活自己就行。

小马不厌其烦，于是拿着仅有的几百元钱去找表哥玩了。找到老张以后，他由于经济问题和工作问题没时间陪小马玩，小马就找到几个网上认识的朋友，每天东游西逛。就在小马把钱花光准备回家时，一个朋友找到小马，告诉他说自己手下的兼职人员不够，能不能让他帮衬一天，6个小时，100元钱，工作还不累。小马想着，反正就6个小时，就当帮朋友的忙了。

一天下来，朋友非常感谢小马，说他帮了大忙，不然缺一个人，自己怕是要被扣奖金，接着就跟小马聊起他的工作。那个朋友的工作非常简单，就是做中介，每天公司从各大公司、机构甚至学校接到很多兼职信息，然后发布到网络上。平均一个人要扣掉20元的中介费，公司10元，自己10元，然后根据对方要求，将兼职人员领到地方，把他们交给发布任务的机构就可以了。小马觉得这个工作挺简单的，自己也能做，于是就问了一下对方是否还缺人。对方马上表示，之前负责某个区域的人辞职不干了，正好还有一个位置，小马就这样补上了。

小马立刻给家里打电话，说自己找到了工作，为此，家里还给

　　他买了一辆电瓶车。从那天开始，他每天的工作就是在网络上发布信息，接几个咨询电话，然后带着找兼职的人到工作地点。一天几趟下来，轻轻松松就可以赚几百元。就这样过了几年，小马逐渐和经常发布兼职信息的公司、机构搭上线，拿着自己的积蓄开了一家中介公司，从此日进斗金。有人问老张是否嫉妒，老张说他并不嫉妒。即便是同样的机会放在自己面前，自己也抓不住。换成自己，那天兼职做完以后，就拿着钱回家了。

　　很多人能看到才能不如自己的人过得比自己好，觉得委屈、不公平，认为对方的运气实在太好了。的确不公平，的确存在运气，但不能将所有的一切都归咎于运气。其实，能力分为很多种，有些人有才能，实实在在去做事，有些人却能抓住一瞬间的机会。

　　并不是说抓住机会这件事情比实实在在的才能更重要，但有抓住机会的能力，能够让你在其他方面的才能得到更好的表现，有一展所长的机会。很多人怀才不遇、被机会困住的根本原因，就是不懂得如何抓住瞬间的机会。那么，我们不妨步步为营，将所有看起来像机会的东西通通抓住。

　　只要不需要我们付出什么，不妨就勤快一点儿，将所有能够尝试的东西都尝试一下，说不定哪个就是瞬间的机会。凡是你觉得有希望、利于自己的东西，不妨都问上一句还缺人不，甚至对方不缺人的时候，你都可以毛遂自荐。只有这样，你才能保证不错过任何机会。

　　要知道，抓住机会就是一瞬间的事情。也许你少说了一句话，少打了一个电话，少做了一件事情，少交了一个朋友，就会失去一个千载难逢的机会。所以，认真对待身边的每件事情，争取能够抓住每件事情。也许，你意外抓住的某件事情，就能够彻底改变你的一生。

第三章
DISANZHANG

人生所有的机遇，都在你全力以赴的路上

人们常说某某人是怎样的幸运，一夜暴富，拥有一切。每次成功，不仅仅要靠幸运达成，发现机遇也不仅仅是因为他们的运气。他们之所以能够不断发现机遇，在于他们一直全力以赴，努力奔跑。你看过的风景越多，走过的地方越多，能够发现的东西就越多，其中总会有机遇的。

人生中的一切机遇，都从行动开始

　　行动与等待机会，看起来并不非常和谐。人们停止前进的时候，会为自己找上很多借口。例如，将这一切称为按兵不动，认为自己不是停了下来，而是在等待一个机会。

　　行动与等到机会，真的是相悖的吗？完全不是。行动起来，才是获得机会的最佳方案。树挪死，人挪活，就是这样。如果你不肯行动，不肯让自己换个环境，可能永远都无法从困境中走出来。所以，想要获得机会，就必须从行动开始。如果不肯行动，说什么等待机会，不过是个笑话。

　　郝飞是世界500强公司的程序员，听起来很厉害，对不对？但实际上，他的待遇并没有人们想得那么好。郝飞的工作地点在深圳，工作并不辛苦，薪水也在公司中位数以上，但生活却不那么如意。他的月薪虽然有一万多，去掉房租、女儿的奶粉钱和其他乱七八糟的花销，他这辈子要想在深圳买上属于自己的房子，简直是天方夜谭。

　　郝飞渴望着能有一个机会让自己在公司有更加重要的位置，一步之差，薪水就是天差地别，但这个机会却非常难得。郝飞并不着急，他认为自己上升的步伐非常稳固，更进一步绝对不是不可能的事情。他用了三年到了现在的位置，再来三年完全不是什么不能接受的事情。

　　人生之不如意，十有八九。三年过去了，他没有得到任何升职的机会，工作上的唯一变动就是从深圳到了大连，消费成本有所减少。随着家庭开销的日渐增加，他开始寻找一些副业，为一些小型电子设备厂商编写系统。外快虽然不是很多，但相比他的薪水却不算少，这极大地改善了他的生活。又是三年过去，郝飞已经30岁出头，还没有得到他一直在等的机会。按照他的性格，他很有可能一辈子就会这样，但朋友却力劝他不要守在这家公司，等着一个虚无缥缈的机会，可以去别的公司问问，即便从头开始，也可能比现在发展得更好。

于是，郝飞开始向同类职位投递简历。他有些忐忑，如果这个时候改换门庭，说明之前的一切努力和等待都白费了。他在新的公司可能会有一个比较好的位置，也可能要从头开始。从底层爬到中位数以上的位置，需要多长时间，需要多少机会，他完全不知道。索性，结果还算不错，他成功地进入杭州阿里公司。在那里，他有更好的待遇，更大的上升空间。虽然我们不知道郝飞最终能否在阿里的管理层占有一席之地，也不知道他能否成为阿里技术方面的专家，但从结果来看，他改换门庭之后有了更好的待遇、更好的前景，就已经是值得的了。或许，他在之前的公司距离成为公司的管理人员只差一步，但上升一步的机会不来，他还要等多久？

人生很长，但能够获得上升的机会并不多。虽然不像"人到中年万事休"说得那样夸张，机会同样不会过多地眷顾你。你没有那么多时间等待，没有那么多时间思考，只有马上行动起来，才能找到机会。

在成功所需的种种能力中，行动力是最宝贵的。人们静下来思考事情的时间再少，也会经常冒出一些稀奇古怪的想法。当你有了这些想法以后，就需要证实究竟是否可行。如果你有强大的行动力，马上执行，那么在漫长人生中，总会有一种想法为你带来全新的机会。

1982年，马尔克斯获得了诺贝尔文学奖，他的代表作《百年孤独》《霍乱时期的爱情》至今仍被人们津津乐道。他是拉丁美洲魔幻现实主义文学的代表人物，是20世纪最有影响力的作家之一，享受了无数的赞誉，写出了许多动人心弦的作品。然而，他走上文学之路，与他的雷厉风行分不开。

在马尔克斯还是个孩子的时候，他就对文学非常感兴趣，阅读兴趣远远大于自己创作。当成长为一个少年的时候，他就开始阅读一些具有批判精神的作品。一天，他在阁楼上打开卡夫卡的《变形记》，那个场景让马尔克斯终身难忘。他看到卡夫卡是这样开头的："一天早晨，格力高尔·萨姆沙从令人不安的睡梦当中醒来，发现自己变成了一只躺在床上的巨大甲虫。"马尔克斯忍不住尖叫起来："原来小说可以这样写！"

原来，写小说是一件这么简单的事情，如此直白地抛出一件震撼人心的事情，不需要任何铺垫和修饰。如果小说可以这样写的话，我可不可以试一下呢？带着这样心路历程的马尔克斯，马上开始尝试自己写一些东西，并且在大学时期正式踏上文学创作的道路。

马上行动起来，否则即便机会来了，你也不可能抓住。机会总是有不同的表现方式，一个灵光一闪的念头，一个思维的火花，一个跳跃的灵感，只要能够抓住这些，它们马上就能够变成你的机会。你是否有过这样的经历，某个令你震撼的场景，某个打动你心灵的故事，某个让你为之心动的人，出现在你面前的时候，你的脑海中出现了色彩、出现了乐曲、出现了诗歌。你决定等一有时间，就马上把脑海中出现的东西记录下来，那一定很美。如果你能够马上进行这件事情的话，就会得到让你自己满意的作品。而如果真的等到有时间才来做这件事情，你会发现你的作品变得毫无滋味、毫无价值。

　　机会就是这样，不行动就相当于没有机会，就抓不住机会，任何伟大的设想都只能存在于你的脑海中。

好运不会辜负每个认真努力的人

如果将机会的降临说成一场好运，我想会否认的人应该不多。如何获得好运，是每个人都想知道的事情。好运就代表一夜暴富，代表能够获得更多的资源、更好的条件，甚至有时候还在人们心中代表着不劳而获。

但是，好运真的会眷顾那些不劳而获的人吗？还是那些被好运眷顾的人，比那些没有被好运眷顾的人更加努力呢？

刘堂是个木匠，同时也是一家KTV的老板。很多人在认识他的时候，不能将他的两个身份结合起来。有人问过刘堂，为什么一个木匠会开KTV呢？刘堂给出的答案是，唱歌是他的爱好，别看花钱不少，赚得还真没有当木匠时多。接着，他就讲了自己究竟是如何成为一个赚钱的木匠的。

刘堂的文化水平不高，有个大哥，还有个弟弟。早期的时候，家庭条件很差，父亲是工人，母亲只是普通的家庭妇女。大哥早早地就成了一名铁路工人，赚钱养家了。而弟弟因为学习比较好，体育成绩也不错，成为学校的特长生。当时家里一贫如洗，虽然弟弟念书不用花钱，学校也能负担大半的吃饭费用，但仍拿不出钱来供他继续读书。于是，刘堂初中毕业以后就开始打工了。

他没有什么吃饭的技术，只能卖力气，于是就做了装修队的工人，一天拼死拼活只能赚到两三元钱。和装修队有交集的，除了委托工作的房主外，还有木匠。木匠和装修队要互相商量究竟如何处理房屋的格局，该打什么样的柜子和床。

一来二去，他发现木匠赚的钱远胜于他们。有一次，他们装修队接到一个大活，全套装修下来可以拿到3 000元。刘堂年纪小，虽然只能分到100元，也超过了在铁路工作的哥哥一个月的薪水了。但是，当他得知木匠手工雕刻的那张大床，光手工费就要1 000元的时候，那张床在他的眼里就不是木头的了，而是闪着光的黄金。那个为床雕花的老木匠，在他眼里也变成神仙一样的存在。这木匠活如果自己能够学到手的话，那不就能赚大钱了吗？刘堂和装修队的另外几个年轻人，都有拜老木匠为师、学木匠活的念头，于是一起找到老木匠。

他们想要学木匠活，但是老木匠不肯教。这是自然的，过去不管是什么手艺，都讲究传承。第一，人家不认识你；第二，你又没有拜师的费用，凭什么收你当徒弟。除了刘堂外，其他几个年轻人都放弃了学木匠活的想法，毕竟对方将话说得特别死。但刘堂不这样认为，他觉得这样的好机会并不多见，即便不能成为老木匠的徒弟，也要从老木匠身上掏点东西出来。于是，他在外面捡了一根手腕粗的棍子，刨掉外皮以后，每天一有时间，就对照雕花大床的床腿练雕花的手艺。

一个月过去了，装修队的工作已经差不多干完了，木匠的工作也接近尾声。在这一个月里，刘堂雕了七根木头，一次比一次好，还经常向老木匠请教。老木匠一开始不屑一顾，后来看刘堂足够用心，水平也越来越好，干完木匠活以后告诉刘堂，他愿意收他当徒弟。

从那以后，刘堂成为老木匠最小的徒弟。老木匠对他非常严厉，刘堂打的柜子他不满意，当场就用斧子劈了，让他重做。如果两三次刘堂都没有让老木匠满意，其他徒弟就会看到老木匠拿着斧子在后面追赶狼狈逃窜的刘堂。在师傅的严厉要求下，刘堂五年以后就出师了。有人问刘堂，是否还见过以前跟自己一起在装修队的朋友，他说："当然见过。有些家里找到门路的，进了国企当工人，一个月赚个百八十。没门路的，混得好的自己成了工头，一个月赚三五百，混得不好的还是一个月八十。我那个时候，给人打个骨灰盒都要四百了。"

人生如同一场旅行，当你习惯了看某种风景的时候，就会舍不得离开，因为熟悉而将这个地区变成自己的舒适区。但如果你想要赢得更多的机会，得到好运的眷顾，就必须离开自己的舒适区，尝试不同的东西，坚持一下，多走一些路，看看不一样的风景。如果你没有遇到机会，说明你走得还不够远，还没有走到机会所在的地方。但是，如果你不肯努力，不肯尝试，不肯勤奋，原地踏步，又如何能够遇见机会，被好运眷顾呢？

爱迪生能够找到适合电灯的钨丝，是因为他的不断尝试。上千次的实验，不眠不休地工作，最后让他赢得好运的眷顾，成功地找到钨丝。如今的手机堪比计算机，如此强大的性能，却仅仅靠着一个小小的移动终端就能实现。可以说，智能手机将人类在科幻电影中的幻想变成现实。

强大的性能必然会考验设备的续航能力，让这个问题得到解决的，除了硬件商降低硬件能耗外，更是因为锂电池的问世。然而，锂电池的概念早在20世纪70年代就被提出了，为什么到1991年才被索尼放进商用领域？电池技术的改进就是典型的多次努力、不断尝试、期待命运女神降临的例子。即便知道使用什么材料，也需要大量尝试，研究材料的配比，最终制造出物美价廉的产品，进入千家万户。如果没有研究人员的不断尝试，如今所有的电子产品都会是另外一个样子，电动车更是不可能出现的东西。

　　上天就是如此，只要你认真、努力，总能找到一些其他人没有找到的东西，得到一些其他人没有机会得到的东西。这就是好运，就是你的机会，就是打开你独一无二人生历程的钥匙。想要好运，不能坐等机会降临。只要你认真、努力，就会比别人更多一分运气，有更多机会遇到成功。

你比别人多做点，机会就比别人多一点儿

那些变得更好，得到更多机会的人，都有一个明显的特点，那就是他们做得比别人更多。很多人将做更多的事情当成自己的负担，能躲则躲，却还做着能被机会砸中的白日梦。

或许是天赋并不公平，有些人天生就比别人更有才能，学东西比别人快。但是，龟兔赛跑的故事大家都听过，不管你的天赋有多好，不肯去做总不会进步。不管你的天赋多差，经过不断的努力、积累，经过无数的磨炼与考验，你总能多学会一些东西。特别是有些事情，说来简单，但不肯学的人，永远都不会。

技多不压身，你永远不会知道你比别人多做的一点儿会给你带来什么，是一项永远都做不到的事情，还是一步登天的机会。

小叶是个第一眼就能给人留下深刻印象的女孩，不是因为她有多美，恰恰相反，她看起来一点儿都不美。她有一头非常中性的短发，皮肤黑黑的，非常纤瘦，显得并不是那么有存在感。但是每个认识她的人，都觉得她非常出色。如今，她是一家杂志社的美术总监，管理着十几个和她年纪差不多大的年轻人。

两年以前，小叶不过是个刚刚毕业的应届生，杂志社也不过是一家刚刚成立的小单位。当时并没有美术部门，负责美术的编辑由编辑部和市场部共同管理，一部分人需要外出拍照，为广告商打造合适的内容，另一部分人则主要负责杂志版面设计以及杂志社网

站的视觉效果。小叶来到杂志社的时候，算上她一共有四个美术编辑，虽然她是年纪最小、资历最浅的那个，但却是责任心最强的那个。美术编辑平时都有分配好的工作，每个人只要完成属于自己的事情，就可以休息了。因为美术编辑较少，工作内容又多，所以每个人都不愿意多做事情，除了小叶。

　　那是小叶刚刚入职的第一个星期，美术编辑的工作基本上结束了，需要将做好的版面发给总编看看效果。往常所有的美术编辑都会将自己负责的部分发给总编助理，由助理整合起来，再给总编看。这一天，总编助理有别的事情没有在办公室，于是美术编辑就将自己做好的东西分别发给了总编。总编收到这些零散的内容以后勃然大怒，说："你们就这么把东西给我了？你们对工作还有点责任心没有？就不能排好了再给我？知不知道，这些零散的东西，我排好再看要花多少时间？我哪有那个时间！"几个美术编辑都像霜打的茄子一样低着头不说话，只有小叶站出来说："把文件发给我吧，我来整理。"从那天开始，小叶就从总编助理的手上接过这个工作。每次其他美术编辑都会主动地将做好的内容发给她，由她整理好以后再发给总编。

　　除了整合内容外，小叶还有另外一项工作，那就是剪辑视频。杂志社的官网定期会做一些特别专题，用来展示杂志社的精神面貌。每次出新的专题，就要拍一些视频，或者是从广告商手中获取一些视频放到网站上。

　　问题是，这些视频往往太长，或者是有些没用的内容。这时候，就需要将视频剪辑起来，再放到网站上。这项工作说不好该谁负责，要是说由维护网站的部门负责，他们又缺少审美，剪出来的效果不佳；要是由美术编辑负责，他们又没有一个人会剪辑视频。小叶又接下这个任务，没花多长时间就学会了剪辑视频，只是效果还不是很理想。每月要上传视频的时候，她总是剪了又剪、改了又改，经常弄到快午夜时才回家。她知道，其他同事经常在背后说她傻，干这些事又没有加班费，何苦呢？但小叶不这样认为，她觉得自己多做一点儿事情，总会有好处的。

小叶的决定是对的，多做一点儿事情可能暂时没有好处，但绝对没有坏处，更何况未来还长着呢。两年过去了，杂志社越来越好，需要的美术编辑越来越多。当美术编辑的人数增加到十人时，总编开始觉得是时候设立一个专门的部门，再由市场部和编辑部分管不太合适了。

既然有了一个新部门，自然要有一个新领导。比小叶资历更老的三个美术编辑颇为兴奋，认为这个领导一定会在他们中诞生。小叶也跃跃欲试，认为这两年里自己做得最多，水平也不比任何人差。结果，根本没有什么竞选，甚至连竞争都没有，新领导的位置直接就落到小叶的头上，她成了杂志社的第一个美术总监。

有人不服气，去问总编为什么没有给大家公平竞争的机会。总编说："这两年来，她不是早就在做身为领导该做的事情吗？"其他人哑口无言。

多做一点儿事情，总是没有坏处的，日积月累之下，机会总会到来。我们要有长远的眼光，机会出现虽然是瞬间的事情，但让机会出现在你面前可能需要日积月累。

不积跬步，无以至千里，不一点点做小事，如何能够获得做大事的机会呢？别人不肯做的小事，你每天多做一点儿，距离机会就更近一点儿，距离成功也更近一点儿。当许多的小事汇集起来时，就会爆发出令人侧目的力量，在别人心目中留下深刻的印象。有些时候，机会就是这样一点点积累起来的。

坚忍到泪流满面，翻盘的机会总会出现

坚忍，说实话，是一个让人不怎么喜欢的词；坚持，用到这个词的时候，说明距离目标还很远，需要很长的时间和过人的耐力才能抵达；而忍耐，一把刀对着心，更加让人难受。没人喜欢坚忍，但有些时候，人们却不得不坚忍。

机会不是那么容易得到的，理想也不是那么容易达成的，成功更不是唾手可得的。只有坚忍，能够保证我们不脱轨、不掉队，让人生的列车驶向理想的目的地。如果你渴望机会，就一定要坚忍，或许坚忍很痛苦，让你泪流满面，但一旦放弃，就什么都没有了。放弃很简单，你很轻松，但切记，放弃后就什么都没有了，而不放弃总会有一线希望，让你有翻盘的机会。

名叫《公主齐奥克》的游戏，独特的美术风格和诙谐风趣的演出，能在第一时间抓住人的眼球，故事情节又非常感人。看似是一个公主打败魔王，拯救国家的故事，但实际上是作者的人生写照。

作者是个波兰人，从大学时就想要做出一款游戏，更希望能够通过做游戏养活自己，让全家人过上好日子。但是，命运总不会让人一帆风顺，他之前的一些作品总不能得到人们的认可。随着时间的推移，他结婚了，有了愿意支持他事业的妻子，也有了一个可爱调皮的女儿。他在家里一边做游戏，一边当奶爸，每天忙得一塌糊涂。后来，支持他的妻子抱怨越来越多，情绪越来越差，不止一次地埋怨他，什么时候能够兑现他的美好承诺。他的团队不止一人面对这样的问题，他们都需要承担起家庭责任。于是，他对妻子许诺说，如果这次还不能有所收获，他就去好好地找一份普通的工作。

《公主齐奥克》很有可能是他们团队的最后一个作品。在这款游戏中，他们没有想如何讨好玩家，吸引人们购买，反而按照自己的心意，将对女儿的爱、对妻子的愧疚改编成一个故事，放进游戏。《公主齐奥克》面世以后，受到广泛好评，多年的坚持终于有了结果。这支来自波兰的小团队，成功地迎来一次大翻盘。

瓦片也有翻身日，东风也有转南时。谁能够倒霉一辈子呢？机会也是这样，没有人会永远不被机会眷顾，只要坚持下去，总会有那么一天。

齐白石一生都在追求艺术。15岁时，齐白石成了一个木匠，只有闲暇时间才能够对照半本的《芥子园画谱》学习绘画技巧。25岁时，他拜了一位老师，学习如何绘制肖像画，平时除了做木匠活外，还要帮老师卖画。26岁时，终于有人愿意资助齐白石，减轻他的生活负担，让他可以专心学习绘画。

但是，别人的资助并不完全能够让齐白石衣食无忧，他还是要经常为人画肖像，赚点钱贴补家用。32岁时，他开始学习雕刻印章，逐渐完善自己的技艺。眼见齐白石已经小有名气，却身居乱世。无奈之下，齐白石只好在全国云游，寻求艺术上的突破。其间，他一边教人作画，一边卖画维持生计。后来，他回到故乡，隐居八年雕琢画技。57岁时，齐白石画技大成，来到北京谋生。不料，他的作品并没有受到北京人的认可，直到遇到陈师。陈师欣赏齐白石的刻章技巧，推荐他参加中日联合绘画展览会。齐白石的画得到广泛认可，一夜成名。

从15岁到57岁，齐白石坚持了42年，最后迎来人生的大翻盘。如果将机会归咎于运气，15岁的齐白石遇到陈师会是怎样呢？显然，是不可能成功的。42年的积累，为齐白石做好了成功的一切准备，铺垫了一条翻盘的笔直大道。

人如果没有梦想，那跟咸鱼有什么区别呢？这句出自周星驰的鸡汤已经被人们重复了无数次。不管你多么反感鸡汤，这句话始终有其道理。每个人都有梦想，有些看似简单，但实现起来却不是那么容易。比如，过上每天在家里吹空调、想吃什么就吃什么、想去哪玩就去哪的生活，但这需要大量的资金支持，要有经济实力，实现财务自由才可能。你有信心达成你的梦想吗？哪怕你的梦想不像很多鸡汤文里说得那样伟大。

即便是这样的梦想，实现起来也是充满眼泪和汗水。不想付出就随随便便成功，世界上哪有那么好的事情。那些每天做着喜欢的事情、过着喜欢的生活的人，在成功之前所付出的努力是你难以想象的。没有凭空而降的成功，每个成功者的背后都有坚忍到泪流满面的经历。

林肯是美国历史上最伟大的总统之一，25岁开始从政，37岁成为议员，51岁成功赢得大选，成为美国总统。看似波澜不惊的过程，他经历了11次失败。如果没有不肯放弃的坚忍，奴隶制的废除可能要等上很多年。迪克牛仔，25岁开始登上舞台，直到40岁才算真正走红。这15年的时间里，他忍受了多少个难熬的夜晚。你呢？愿意为一个机会等待多久呢？愿意为你的梦想坚忍多久呢？或许，这就是决定你能否成功的重要因素。那么，你愿意坚忍下去吗？

全力以赴，小看机会就是小看自己

在凡事都讲求经济效益的年代，越来越多的人做事时不愿全力以赴了，凡事都选择最经济的做法、性价比最高的办法。用七分力气有五分的利润，用十分力气只有七分的利润，如今人们会优先选择前者。计算或者说算计，成为生活中的主旋律。凡事都要精打细算，不让别人占到自己的便宜，想着如何才能多占别人的便宜。算计或许能够让你比别人收获更多，花费更少的力气，那你留着剩下的力气干什么呢？你不愿意被别人占便宜，留下的东西对自己有用吗？这件事情是很多人没有想过的。精打细算和全力以赴，哪个更容易得到机会，毫无疑问，是全力以赴。

黄斌经营着一家小工厂。原本经营这家工厂的是他父亲，后来父亲年事已高，他就接过这个工厂。黄斌的野心远比父亲要大，父亲经营工厂无非就是想要获得一个更好的生活，而黄斌不同，他想要让这家小工厂焕发出新的活力，让更多的人知道工厂的名字，甚至打造出一个人尽皆知的品牌。父亲退休之前，工厂主要负责为各品牌代工自拍杆。市面上很多小牌子的自拍杆都是他们生产的，出厂以后再贴上其他品牌的商标，销售到全国各地。

黄斌接过工厂后的第一件事就是提高自拍杆的质量。将所有的材料都提高一个档次，做工也要更加精细。当他在会议上说出这个决定的时候，几乎遭到所有人的反对，这样会让工厂的利润大大降

低。且不说更换材料会增加多少成本，更加精细的做工就说明要有
严格的品控，很多质量有小瑕疵的产品会被踢出合格品的行列，
这会让工厂损失很多。黄斌没有理会反对的声音，一意孤行地发
布命令，利润减少了不要紧，只要不赔钱就行。很多跟随他父亲
打拼的老人，会议结束后都唉声叹气，要看这个败家子怎么把工
厂败掉的。

　　黄斌工厂最新的几批自拍杆马上就在竞争者中脱颖而出，向他
们采购自拍杆的品牌越来越多。这让之前认为黄斌是在胡闹的人心
情有些好转，薄利多销的话，利润还是能够保证的。结果，黄斌再
次做出一个让所有人都非常不理解的决定，那就是不再为其他品牌
做代工，而是成立自己的品牌，卖自己家的自拍杆。刚刚对黄斌的
印象有所好转的人，马上就觉得他得了失心疯。他们公司之前主要
是依托工厂进行生产，根本没有什么销售渠道。如今改做自己的品
牌，那要如何宣传，怎么才能够从其他品牌的口中抢下一块肉呢？
黄斌给出的答案是，做我们能做到的最好的自拍杆，打上公司的
Logo，不加价。这个决定让所有人目瞪口呆，如果说之前的决定已
经让公司的利润大幅下降，现在这个决定几乎将公司逼上绝路，扣
掉材料成本和人工费用，几乎就没法赚钱。

　　为了宣传，公司开始和各大电商平台合作，与淘宝上比较有规
模的一些店铺合作，但由于他们的自拍杆物美价廉，没多久就打开
了市场。这一阶段，黄斌的主要任务就是收集用户的反馈信息。很
多用户表示，这个价格能买到质量这么好的自拍杆，简直就像捡到
一样，美中不足的就是功能太少，样子也比较丑。

　　黄斌得知自己的机会来了，之前的全力以赴终于转化成了一个

机会，一个抓不住就会抱憾终身的机会。黄斌用公司的大部分可用资金增加了两条生产线，一条用来生产造型更加美观的升级产品，而另一条用来生产功能更多、造型同样更加美观的产品。等到下一代产品上市的时候，原本的廉价版本依旧存在，而更加美观、功能更多的高级版本也推向市场。两款高级版本的价格比廉价版贵上不少，但销量却出奇得高，用户评价也非常好，甚至被誉为低端自拍杆中最实惠的。凭借两款升级版的自拍杆，公司获得的利润马上超过为别的品牌代工的时候，还打响了名气。

　　黄斌的成功哲学其实非常简单，你想要让别人知道你好，想要让别人给你更多的机会，如何你不将好的方面展现出来，有谁会知道呢？即便你十八般武艺样样精通，不展示给别人看，又有几个人知道你身怀绝技呢？

　　过于计较得失，过于计算每一分力气要怎样用，过于希望收益的最大化，反而会失去一些机会。如果你想要得到机会，得到别人的赏识，得到更多人的承认，就要将你最好的一面展现在别人面前，而不是用多少力气能够做到这件事情就用多少力气。到最后，知道自己还有力气没用，还有更强的能力，可能就只剩下自己了。如同两个歌手站在舞台上表演一样，一个总是将自己所有的本事都拿出来，将歌曲演唱得淋漓尽致；另一个则总是将歌曲演唱得恰到好处，认为自己展现出的能力对得起观众、对得起薪水就行了。那么，这两个人哪个会更受欢迎，更加被重视呢？显然是第一个。

　　不要觉得你目前所做的事情不配让你全力以赴，只需要将事情做好就行了。你能不能得到更好的机会，做那些更能体现你能力的事情，不在于你有多少能力，而在于别人知道你有多少能力。凡事只出三分力，谁又敢把需要十分力的事情交给你来做呢？只有当你全力以赴、告诉别人你有多强大的时候，别人才敢将更重的担子交给你，你才能获得全力展示自我的机会。

机会也许就在人生的下一站

日本人说每个人都有三种才能，你能否成功只是看你能否发现。或许你在很长的一段人生经历中都没能找到机会，没能找到那个让自己获得成功的才能，这不代表你就没有才能。只要你没放弃，还在寻找，或许机会就在人生的下一站等着你。之前的一切不顺利，都抵不过坚持，坚持挖掘自我，发现自我，最终让自己获得成功。

时间是这个世界上唯一能和死亡并称公平的东西，至少在绝大多数人面前，时间和死亡没有放过任何人。随着年龄的增长，人生不断地进入到下一个阶段，很多人放弃了寻找机会的想法，放弃了在通往成功的道路上继续奔跑。为什么不看看人生的下一站是否有机会呢？为什么不再坚持一下？特别是对那些你喜欢的、念念不忘的事情。

2014年，一本名叫《人生永远没有太晚的开始》的书首次在中国发行，它讲述了一位老人的人生理念，是一本并不精彩的随笔。但这本书的作者摩西奶奶却是典型的在人生最后一站抓住机会的代表人物。

摩西奶奶本名叫安娜·玛丽·罗伯逊·摩西，出生在美国纽约州格林威治村的一个农场。在19世纪60年代，美国的女性地位很低，加上家中条件特别不好，她并没有接受过太高的教育。家中有十个孩子，她当时做得最多的事情就是干自家的农活和别人家的农活，只有不断工作才能减轻家里的负担。27岁时，摩西奶奶结婚了，嫁给另一个农场工人，跟着丈夫去了弗吉尼亚州。20年以后，她回到故乡，居住在离她出生的农场不远的地方。这20年里，她除了做农活外，唯一喜欢做的事情就是刺绣。她喜欢将美丽的乡村风光变成一幅幅美丽的刺绣，这是她人生中为数不多的快乐。

她刺绣一直坚持到76岁，随着年纪的增大，身体变得越来越差，指关节越来越不灵活。刺绣对她来说，已经是不能胜任的事情了。人生中除了不停工作，总要有些乐趣，于是她开始学习绘画。绘画相对于刺绣来说，对指关节的要求并没有那么高。她的作品很快就得到当地人的喜欢，她的女儿也将母亲的画带到镇子上的杂货店里展示。一天，一位名叫路易斯的收藏家路过这个小镇，看见摩西奶奶的画，马上就被勾起兴趣。但是一幅画并不能展现出画家太多的东西，他想要看见更多。在杂货店老板的帮助下，他找到了摩西奶奶。这位年届80还在坚持绘画的老人打动了他。路易斯想要让所有的人都看见摩西奶奶的画，于是就将摩西奶奶的画带到纽约的一家画廊。

画展上，鼎鼎有名的大画商奥托·卡利尔看见摩西奶奶的画，一眼就觉得这幅画的作者不一般，随后动用自己的关系和渠道，让全世界的人都知道了摩西奶奶。摩西奶奶80岁的时候，在纽约举办了人生中的第一次个展，并且得到整个美国的关注，成为人们议论的热点。从那天开始，艺术市场上又多了一个名叫摩西奶奶的成功画家。

人生之路非常漫长，最初是我们发现自我、认识自我的阶段。

随后，我们开始发现世界，认识世界，之后生出想法，要在这个世界上留下名字，做点什么。走到这个时期，我们就会无比渴求成功，希望得到一个机会。不是所有人都能进入想要建功立业的阶段，也不是所有人都能够走出这个阶段。有些人一辈子都在不停追寻，始终没有停止追寻成功的脚步。他们不安分，承受着比其他人更多的痛苦，但最终却在其他人都已放弃了的人生阶段找到属于自己的成功。

哈兰·山德士从小就过着非常贫困的生活，他做过不需要任何门槛的工作，养大了自己。40岁时，他用所有积蓄开了一家加油站，希望能依靠这家加油站养老。很多普通人大概到这就不会再思考什么其他的了，但是他没有，反而在加油站的对面开了一家炸鸡餐厅，填饱来加油的人的肚子。二战的来临，让他失去了加油站，失去了餐厅，变得一无所有，那年他已经56岁了。虽然政府每个月会发给他一定的救济金，让他维持生活，但他却不甘心，开着仅剩的那辆老旧福特汽车，四处兜售他的炸鸡香料。他被拒绝了1 009次，在第1 010次的时候，终于有人愿意买他的炸鸡香料了。从那开始，越来越多的人开始找他寻求合作，最终他获得了成功，将餐厅开遍全球100多个国家。这个餐厅，就是大名鼎鼎的肯德基。

总有人觉得自己的年龄大了，已经过了闯天下的阶段，不该做什么成功的白日梦了，从而否定自己，放弃追求，放弃一切寻求帮助的机会。其实，如同摩西奶奶说的那样，人生永远没有太晚的开始，只要你开始了，行动了，也许就能邂逅一次机会。只要你还有信心，不管进入人生的哪个阶段，不管之前究竟在干什么，你总是有机会的。30岁能开始寻找机会吗？能！40岁开始算晚吗？看看任正非，你会觉得根本不晚。50岁再开始行不行？张忠谋建立台积电，四处找客户的时候，已经56岁了。

人生真的没有太晚的开始，只要你没放弃，还想要成功，不管你处在人生的哪个阶段，或许机会就在下一站等着你。

别被影响，坚定步伐

我们想要成功，就会在通往成功的道路上不断追寻，不断前进，甚至还需要奔跑。你跑过长跑吗？如果跑过，你就应该知道，长跑时的节奏有多么重要。呼吸的节奏，步伐的节奏，摆臂的节奏，都可能影响你最后的成绩。奔跑在人生的道路上，我们同样需要保持节奏，坚定步伐，不受别人影响。一旦受到别人影响，原本应该遇到机会的道路上，你就会与机会擦肩而过。

余辉是一个App开发团队的主创，有才能，也有理想，更有一群愿意和他一起尝试的伙伴。从团队集合起来开始，他们就瞄准了一种市面上没有的App，打算大展拳脚。开发之初并不算顺利，即便市面上没有，但也要实现他们想要的功能后才能正式推出，凭借这个App为团队打出名气。

一段时间以后，App还是没能成功开发出来。余辉有些丧气，其他人也有点撑不住了。大家商量了一下，决定改变方向，制作另一类型的App。新的产品开发难度低，更适合小团队的第一个作品。

就在所有人都对这个App充满希望、如火如荼地开发时，一个噩耗传来，另外一个团队发布了一款和他们的App功能差不多的作品。这件事情让团队的士气降到最低点，眼看自己的作品做到了一半，等到做完，恐怕对方已经在市场上站稳了脚跟。自己的团队小，缺少资金宣传而失去先机，恐怕不能在较量中获胜。

团队开会讨论后，定下第三个目标。所有的人都表示，如果这次还不能成功，团队也没有存在的意义了，就此解散吧。

破釜沉舟的一战，余辉不止一次地祈祷，至少在作品出来之前千万不要再出什么问题了，一定要顺顺利利地将这个App完成。可惜事与愿违，哪有那么多没人想到的点子偏偏就能被他们遇上呢？果然，在他们工作到一多半的时候，另一个团队又推出一个和他们手上的产品功能非常相似的App。余辉知道这件事情的时候，内心陷入绝望，于是又召开第四次会议。在会议上，每个人都不愿意多说话，都知道团队可能要解散了。但是，每个人心中都有一种不甘心的情绪。为什么自己得不到机会？为什么所有倒霉的事情都让他们碰上了呢？最后，大家约定将最后的产品好好做完，算是给大家这段时间的努力一个交代。竞争成功了，自然皆大欢喜；失败了，那就解散。

当一切都定好以后，团队中的不安气氛居然莫名地被驱散了，每个人都沉下心来，努力完成手头的工作。没有人心急如焚，也没有人消极怠工。他们的作品上市以后，居然取得了不错的成绩。很多人表示，之前那个团队的作品虽然功能很好，但问题太多，苦于市面上没有同类产品，只能咬着牙使用。如今出现一款功能一样、但却更好的产品，马上就改换门庭了。

产品取得了他们意料之外的好评，这让余辉的团队避免了被解散的命运。同时，这个历程也让余辉和团队中的所有人学到一个道理：凡事不必着急，也不必因为别人而改变自己想要做的事情。只要踏踏实实地做好自己的事情，机会总是会来的。

如果说你已经站在了通往成功的路上，那么只要坚持走下去，按照自己的步伐踏踏实实地走，不走别的路，不走回头路，总有一天能够抵达成功。但是，如果乱了步伐，你可能会走上别的道路，可能会回头，更可能因为乱了步伐遭遇失败，永远停在半路上。

按照自己的节奏走，可能不会比别人更快，可能会遭遇更多的困难，可能会有很多的变化影响着你。但是，为什么要因为别人而改变自己制订好的计划呢？为什么要因为别人的事情而否定自己的成功呢？如果你都不相信自己，机会又怎能够相信你呢？

老魏经营着一家小商店，这家商店是最近几年才盘下来的。早些年，他就在这家商店的门口摆摊。老魏从摆摊那天就开始制订计划，一天的销售额要达到多少，什么时候要把自己的小摊变成商店。这些年里，不是没有人找老魏，说有其他更好的活计干，虽然是打工，但是赚得肯定比老魏在这摆摊多。老魏不听，因为他计划的后半部，可比给人打工赚得多。

当老魏盘下这家小商店以后，他开始将自己的业务辐射到周边地区。虽然说得挺好听的，其实就是让家人帮他看店，自己下乡镇卖小商品。周三附近的镇子上有小集，周六有大集，这两天镇上人山人海，是做生意最好的时候。而平时，老魏就赶早儿去各村各镇摆摊贩卖自己的商品，中午就骑着他的摩托车回家。过了几年，老魏的店从一家变成三家，他也不用亲自去赶集到每个村子了。他只需要将商品交给他聘用的年轻人，由他们去就好。虽然老魏不再亲力亲为，但是赚得却比以前更多了。以前每天早上他能跑一个村子，现在周边所有的村子都有人替他再跑。

十几年的奋斗，老魏从一个小摊贩变成小老板，而过去那些要伙同他一起外出打工的人却仍然在打工。他们虽然也有升职加薪，但和老魏相比，成长的速度实在太慢了。成功的路或许艰辛，但坚定自己的步伐，总比将命运交到别人手中更好。

来晚了？不要紧，机会总是有的

去哪个领域寻找机会，最容易成功？或许一千个人能给你一千个答案。这与每个人的经历有关，也与每个人所关注的领域有关。但有一点可以确定，那就是涉足的人越少的区域，越能找到机会。如今，人们将没有人涉足过的创业领域称为蓝海，只要能够找到蓝海，创业就已经成功了一半。寻找蓝海的人越来越多，一旦有人踏入一个没人涉足过的区域，马上就会有各种各样的人蜂拥而至，想要分一杯羹。这种情况，不禁让人想起日本泡沫经济时期的房地产行业，让人想起美国西部的淘金热。毕竟一个全新的领域，不用和那些成名已久的庞然大物竞争，每个人都有机会，不是吗？

美国淘金热时期，几乎每个想要发财的人都去了西部。那里没有健全的法律，没有让你安居乐业的公共设施，没有美丽的风景，只有滚滚的黄沙，无法无天的匪徒，来自全国各地的淘金者。那个时候，只要听说哪里有金矿，人们就会蜂拥而至。但绝大多数人都会垂头丧气地回去，因为他们来得太晚，金矿早就被挖光了，剩下一些不信邪的人，最终也将一无所获。其中一个没有在淘金这件事情上赚到钱的人，他名叫李维·施特劳斯。

李维·施特劳斯的发家史众说纷纭。有人说李维·施特劳斯在淘金的时候一无所获，但从其中发现商机。他发现西部的天气加上劳累的体力劳动，很多淘金者面临缺水的问题，于是他开始做卖水的生意。这个事情的真假，我们无从考证，即便确有其事，有人在别人淘金的时候专门卖水，也未必是李维·施特劳斯做的。在同样的故事里，还有一个叫亚莫尔的小人物才是主角。但我们确实知道的是，李维·施特劳斯从中发现了另外一个商机。

当时美国各大矿场充斥着来自世界各地的矿工，他们每天辛苦地挖掘黄金，却找不到一条坚实耐用的裤子。李维·施特劳斯在前往旧金山推销布料的时候发现了这个问题，灵机一动，将那些用来制作帐篷的结实布料做成裤子，是不是就能满足矿工的需求呢？果不其然，帐篷布做成的结实裤子不像其他的裤子，几天就能在膝盖处磨出一个大洞。这样的裤子深得矿工的喜爱，避免他们遭受皮肉之苦，降低他们受伤的可能性。唯一的美中不足是，这种裤子的口袋不够坚固，如果在口袋里装上比较沉重的矿石，口袋很容易被损坏。1873年，雅各·戴维斯向李维·施特劳斯建议，用铆钉钉住口袋的四个角可以解决口袋损坏的问题。李维·施特劳斯马上和戴维斯一起申请了专利，从此以后，"李维斯"成了最具标志性的牛仔裤。

人们都在淘金的时候，选择另一条路，未尝不是更好的选择。来得晚不要紧，你总能找到机会，只要动脑思考。当所有人都一窝蜂地去做一件事情的时候，必然会有其他蛋糕被空出来，催生出新的需求。所以，到得晚不要紧，也许它是你的另一次机会。

在智能手机开始盛行的时候，几乎所有小城市的传统手机经销商都受到冲击。很多手机只在线上销售，这种情况让他们束手无策。他们能够通过正常渠道拿到的智能手机，只有一些国产品牌的低端机，想要用这种手机赚钱，还要和运营商抢饭吃。因为运营商手中的低端手机比他们更多，还能充话费免费送。

艳红就经营着一家手机店，规模很小，即便是在小城市，她的手机店规模在如今也该被叫作格子铺。在那个城市，像她这样规模的店主数不胜数。受到智能手机的冲击以后，手机店的店主都开始寻找对策，有些开始从线上购买手机，然后回到店里加价销售；有些开始进一些水货，销量不错；还有的干脆开始专营山寨机，什么变形金刚，什么四低音炮，什么跑马灯，应有尽有。艳红没有那么多的渠道，又不想像其他人一样黯然退场，于是开始琢磨买了新手机的人需要什么。

智能手机的大屏幕，是人们喜欢它的原因之一。但是，这块屏幕却让手机变得比之前的功能机脆弱很多。不小心失手，手机掉落在地上，屏幕可能就碎了。即便是屏幕没碎，手机外壳上出现掉漆、划痕，都是难免的。艳红一想，自己为什么不能做手机壳呢？当时虽然已有厂商在做拥有减震效果的塑料手机壳和硅胶手机壳，可外观实在不敢恭维。智能手机的用户大多是年轻人，让他们为自己酷炫的手机换上难看的手机壳，自然是不同意的。于是，艳红就开始了DIY手机壳的生意。

四元钱的手机壳，几毛钱的水钻，贴出一个图案，就能卖到几十块元。女孩买得很多，经常供不应求。男士的，只要在手机壳上喷上一些好看的图案，如蝙蝠侠、超人、跑车标志，四元钱的就能卖到十多元钱。很快，艳红就扩大了店面，赚得比卖手机多。

人生处处有机会，你不妨在附近寻找一下，或许会有意外的惊喜。人们总是说，生活中的希望总是比绝望多。看似无比鸡汤的一句话，但的确有道理。特别是在成功的道路上，往往会有"山重水复疑无路，柳暗花明又一村"的情况出现。所以，来晚了并不是什么世界末日，也不必承受错失良机的痛苦。只要用心寻找，或许能找到另外一条前所未有的出路，找到另一片蓝海。

第四章
DISIZHANG

你生命中的不确定，
都有转化为机会的可能

有人觉得不确定是人生最精彩的部分，也有人觉得那些打破平静的不确定才能为人生带来更多的可能。不确定的魅力在于，不到最后你永远都不知道它究竟是什么，它可能是个机会，也可能是个陷阱。但是，在结果彻底出现之前，我们无法盖棺定论。任何不确定的东西，都可能是我们的机会，被我们转化成机会。

你都不曾一试，为何说这不是机会？

人们常常会因为一些理由失去宝贵的机会，没有尝试是非常常见的。每个人的人生中都有一些事情，因为这样那样的理由而没有尝试，等到别人去做了以后才后悔莫及。那么，你有想过为什么没有尝试吗？尝试一下，究竟会让你失去什么？如果你知道那是个机会，还会担心吗？我想，你当时可能说过，"这怎么可能是个机会"之类话吧。

饼干是个酒吧歌手，他是科班出身，有着极好的演唱技巧。他一直觉得自己唱歌的水平比电视上的某些明星要好，自己不是没有才能，只是缺少一个机会。从学校毕业以后，他就一直寻找机会，报名过几次选秀节目，最好的成绩是过了海选。他浪迹各大城市的酒吧，赚的钱虽然不少，但生活却颠沛流离。别说是找到机会，就连一个能让他安心表演的舞台，都没有找到。

像饼干这样的歌手不少，他们也有属于自己的小圈子。每天深夜，就是这个小圈子的微信群最热闹的时候。有人吐槽老板小气，有人吐槽客人苛刻，有人在寻找合作伙伴，还有人会发布一些招聘信息。有些地方的酒吧非常热门，如北京、上海、广州等，那里的客人不仅出手大方，城市的文化氛围也不错，经常有星探会挖掘歌手，说不定哪天就有签公司的机会。而一些县级市的酒吧，则很少有人喜欢去，往往条件很差，客人又小气，至于前景，就更没有了。

转眼间，饼干已经从事歌手这个行业三年多了。这三年里，他居然辗转了十多个城市。最开始的时候，他听说哪里有机会，都会尽力尝试一下。而现在，除非是那种肯定是个好机会的地方，否则他是不会去的。比如这一次，他的朋友小黑突然联系他，说有个不错的机会想和他一起试一试。饼干马上来了精神，问小黑要去哪里。小黑说，地方就在湖南的一个县城。饼干一听马上没了兴趣，一个县城能算是什么机会，接着就拒绝了小黑。

小黑自己一个人去了那个县城的西餐厅，一周以后又给饼干打来电话，说这家餐厅的老板在当地颇有人脉，也很喜欢音乐，如果他肯来的话，一定有机会的。饼干又拒绝了，认为这有什么大不了的，一个小地方的土老板，能给他带来什么机会。这一次以后，小黑很长一段时间没有联系他。几个月以后，小黑突然给他发来一段音乐，饼干一听，是小黑自己唱的。饼干好奇地问小黑，怎么还有心思录单曲了？小黑告诉饼干，那个老板很赏识他，西餐厅经营得也不错，打算变成连锁店。小黑作为主打歌手，老板准备捧一捧他，让他去新店待一段时间。这一次，饼干真的觉得还不错了，但还没有到让他动心的地步，毕竟这种机会在别的地方也有，而且从一个县城到另一个县城，也没什么意思。又过了一个月，小黑发给了饼干一张照片，照片里是一张前往悉尼的机票。饼干这才知道，原来小黑说的新店不是在县城，而是在澳大利亚的悉尼。

这家西餐厅的连锁店很快就在全国多个城市开张了，饼干也成了这家西餐厅的歌手。可惜，去悉尼的机会已经没有了，越来越多的歌手慕名而来，让饼干显得不那么优秀。虽然最后饼干找到了他喜欢的舞台，但还是错过了最大的机会。

　　错过是人生中的最大遗憾。如果从来都没有触及机会，也不会有那么大的遗憾。越是靠近机会，越会因为自己的主观意识错过，就会越觉得痛苦，感到难过。每个人的错过都有不同的原因，而这些原因在很多时候并不成立，只是拒绝的借口，是事后安慰自己的药方而已。

　　不值得是人们常用的借口之一。想要获得某样东西，就要先付出什么，或许是时间，或许是力气，或许是金钱。在与要获得的东西做对比时，如果产出较少，没有达到心理预期，人们就会说不值得。那么，真的不值得吗？你又是怎么知道的呢？很多事情并不像表面上那样明显，所以说做风险评估时务必精确，要有大量的数据作支持，然后才能得出结论。有些时候，一次尝试并不需要花费金钱，只需要付出一点时间和力气，这个时候还说什么不值得，只能认为是自己主动放弃了机会。

　　人情债是另一个经常出现的借口，并且经常和不值得放在一起使用。例如，"为这点事欠人情，不值得"。与其他东西不一样，还人情债的方式并不那么直观，不一定需要金钱或具体的东西才能偿还。有些时候，能够偿还人情债的更多的是关怀、帮助和情义。因为人情债而不肯去尝试，这是多么的愚蠢，简直就是白白错过机会。

　　另一个经常被人使用的借口是，"我早就知道"，这是人们用经验总结出来的，是在遇到与过去相似情况时提前做出的一种估计。经验虽然非常有用，但是经验主义却一直被人们批判、唾弃。经验能够帮助我们预防危机，但并不是每次都对。特别是在机会面前，它本身就是一种难以预测的东西，变化速度快、花样多，想要凭经验来验证一次机会到底可行不可行，这种行为本身就已经是不行的了。

没有实际体验，就没有发言权。过于武断地判定一个"机会"到底是不是机会，只能让你一再错过上天给你的眷顾。如果你想要成功，就必须多尝试，将每一次看着像"机会"的东西当成机会对待，给机会以足够的尊重。只有学会尊重机会，机会才能给你回报，你才能拥有机会。

要是等到万事俱备，机会早就凉透了

万事俱备，只欠东风，这是人们做事情最理想的状态。试想，你的一切都已经准备好了，只需要等一个机会，所有的一切都能够马上流畅地运转起来，毫不费力地获得成功，那是一种多么美妙的感觉。但是，万事俱备这件事情，很难在现实中做到。没有人会知道什么时候有机会，就像没有人能够知道今天出门会碰见谁一样。有些人会说，既然没办法知道今天出门会碰见什么，所以才应该做好万全的准备，不是吗？问题是，如果你还没有准备好，对方就来了，要怎么办呢？

人生中所能遇到的机会，并不是简单的选择题，更多的是令人恼火的抢答题。如果你要等到万事俱备的时候，机会早已被别人收入囊中，或者是离你远去了。我们能够做的，就是马上抓住机会，不要花费太多的时间做准备。那些追求完美的人，更应该知道：我们要追求的是一个完美的结果，而完美的结果，并不是一定需要一个完美的开始。

小陈是某名校摄影专业的学生，他自认为是个完美主义者，不管做任何事情，哪怕是今天穿什么衣服，都一定要搭配到他认为完美的程度。对于摄影作品，他的要求更高，天时、地利、人和，缺任何一样，他都觉得难以接受，不能开始动手。大学学习的几年里，他的完美主义让他获得了很高的评价，他自己也觉得如果不追求完美的话，怎能超过别人，从众多学生中脱颖而出呢？

临近毕业，小陈打算成为一名专业摄影师。但是，在毕业之前，他还有两件事情要做，一是参加国内一个比较权威的摄影比赛，另一个就是将自己的毕业作品做到完美。为了这两件事情，他做了大量的准备，甚至在脑海中已经计划好了剧本，什么样的天气，什么样的光线，什么时间。就在比赛开始之前，他突然发现了一些不完美，陪伴了他多年的相机镜头似乎有些磨损。这件事情破坏了他的全部心情，更换相机镜头成为他完成所有计划前必须实现的一件事情。为了新的镜头，他一天要打几份工，又卖掉了旧镜头，花了一个月的时间才买到。这一个月对他来说可谓苦不堪言，但是当他拿到新镜头的时候，别提多开心了。眼看比赛投稿的截止时间只有一个月了，他必须加快速度，完成自己的作品。

就在他准备进行作品拍摄的时候，第二件让他觉得不完美的事情出现了。他之前的一个月里疯狂打工，手臂肌肉被拉伤了。平时还好，一旦举起相机，就觉得手臂酸痛得很，甚至还有点发抖。这种状态怎能拍出完美的作品呢？他又用了一个礼拜的时间休息，等到酸痛完全消失以后，才开始作品的拍摄。

在开始拍摄作品时，他每天都拿着相机到之前选定的地点等着。可惜天公不作美，连续好几天，都没有出现他理想中的天气。这对他来说是不可忍受的，没有完美的天气，自然不可能有完美的作品，于是他开始等待，等待着他理想中的天气出现。结果，这一等又是半个月过去了。一直到比赛截稿，他都没有拍任何一张照片。

错失了比赛，让他觉得非常沮丧，一连好几个星期都打不起精神来。幸好，还有毕业作品等着他完成。这是他走上社会前最后一次在一个较大的舞台展示自己了，所以决定这次一定要尽早准备，达到完美。时间还有两个月，对小陈来说已经足够了。小陈准备了理想中的设备，天气也非常配合，剩下的就是发挥才能了。

就在小陈认为时间足够、肯定不会出问题的时候，果然又有事情打乱了他的节奏。这次不是天时、地利的问题，而是人和出了状况。临近毕业，他已经交往了两年的女朋友向他提出分手。女朋友决定毕业以后回老家发展，而小陈早就说过，他要留在大城市闯荡。双方的观点不能达成一致，这个问题越是到了要毕业的时候，就越发尖锐。当小陈的女朋友对他说出分手的时候，小陈觉得整个世界崩塌了一半。

糟糕的心情，对于小陈来说，一点都不完美。他试图用各种各样的方法消解烦闷，但不管是什么方法，都没能帮他改变状况。眼看就要到上交毕业作品的截止日期了，小陈还没有准备好，甚至连一张照片都没有拍过。时间不等人，如果小陈再不交作品，别说展现自我了，甚至连毕业都成问题。于是，他怀着沉重的心情，带着相机出去拍摄。上天仿佛知道他心中的不快，阴云密布，这与小陈心中完美的天气截然不同。小陈不相信自己这次能拍出什么好的东西来，只是随便拍了几张照片，就传给了导师。

当学校展示毕业作品中的优秀作品时，小陈还没完全从沮丧中走出来。他漫无目的地走在作品墙的前面，东看看，西看看，找到了自己的作品。作品下方有系里几位教授给出的评价，小陈发现，几位教授的评价颇高，甚至超过自己的得意之作。

这个结果完全出乎小陈的意料，不客气地说，颠覆了他的人生观。他一直认为，自己只有拿出完美的作品才能得到认可，抓住机会，但现实给了他一记响亮的耳光。不是只有完美的准备才能够抓住机会，毕竟要先去抓，才能有抓住机会这件事情。不去抓，那就什么都没有。小陈非常后悔，如果之前他能够改变自己凡事都要准备完美的习惯，或许就能顺利地参加比赛了。他不知道自己用不完美的作品能不能获奖，但是知道没参加就一定不能获奖。

完美是一种理想状态，万事俱备是完美的重要部分，一旦机会到来，万事俱备马上就会升华成完美。但是，如果没有那个机会，万事俱备只不过是个笑话，是一场声势浩大的无用功。所以，我们不难发现，最重要的其实不是万事俱备，而是那个机会。有些人觉得自己没有万事俱备，就不可能成功，或者是说一定要到万事俱备的时候才肯抓机会，这是典型的本末倒置。机会是我们想要的结果，是重要的组成部分，而不是准备。除非是为了另一个机会，否则不该因为任何事情错过那个放在眼前的机会。机会真的不等人，不管是你的对手，还是机会本身，都不会等着你准备，更不会等你到万事俱备的程度。如果你真的要等到万事俱备才肯行动，机会早就凉了。

有些时候，不冒险就错过了

人生难得几回搏，任何收获的背后必然伴随付出，机会也是如此。我们之前说过，机会的背后往往有着与其相对应的风险，想要得到机会，就必须要冒着同样大的风险才可以。有些时候，我们能够静下心来思考，究竟是否需要冒着风险赢得这次机会，计较这一切是否值得，但有些时候我们不能。不是因为这一切不可衡量，而是因为有些机会不会给我们衡量的时间，稍微不注意，机会就会溜走。正是这样的机会，教会我们只有敢于冒险，才能真正以小博大，取得想要的成就。

方平是某著名酒业的地区代表，与其他同事相比，他似乎没有什么突出的地方。学历差不多，履历差不多，不管是长相还是谈吐，他也没有非常过人。但是，他能够从众多人中脱颖而出，就是因为敢于冒险，抓住机会。

方平刚进入公司的时候，只是一名普通的推销员，每天去各大超市推销公司的产品，但业绩并不好。他看着其他竞争对手公司的产品总是能够顺利地摆上超市货架，推销员并不需要花费什么力气，这让他觉得非常奇怪。于是，他就打听了一下对方公司究竟是怎样制订销售计划的。当他得知对方公司的销售计划以后，顿时觉得公司的销售计划太差劲了，如果他是超市负责人，也不愿意让他们的产品摆上货架。那么，问题出在哪里呢？当然是出在地区代表的身上。这些计划都出自地区代表之手，销售情况不理想，地区代表绝对有推卸不了的责任。当他将这些话私下告诉同事的时候，得到了大家的一致认可。

　　没有人是傻子，几个月以后，总公司决定撤掉这个失职的地区代表，在公司委派新的地区代表之前，要从该地区的销售人员中选出一个暂代。倒不是说总公司觉得这些人有多高的才华，而是因为情况已经糟糕到不能再糟糕了，只要有人维持秩序，就不会比现在更差。当方平得知这个消息的时候，他觉得这是个难得的机会，但仔细一想，却又犹豫了，这其实有着一定的风险。如果他接下这个临时的职位，一段时间之后情况没有任何好转，甚至还稍稍变差了一点，那么在新领导到来的时候，自己就要交出这个位置。看似没有任何损失，但这件事一定会被记录下来，难免以后在晋升的时候会被扣上一个难当大任的帽子。但是，如果自己能够把握住这次机会，把事情做好了，以后有升职的机会，一定会优先考虑自己的。

　　于是，方平给总公司的人事部门写了一封邮件，恳切地表示了自己想要得到这个临时的位置，并且有信心干出一点成绩来。第二天，方平就收到回复。人事部门表示他们已经选定一位比方平早两年进入公司的推销员，对方可能更加合适一些。随后，方平又写了第二封邮件，并且立下军令状，表示自己如果不能在这段时间里让销售状况有起色，他就主动辞职，这才得到这个临时的职务。当他的同事知道这件事情时，都觉得方平太傻了，为了一个临时的位置居然拿自己的工作当赌注，太不值得了。

　　在新地区代表到来之前，方平彻底改变了原本的推销方案，成功地改变了该地区的销售状况，彻底让新产品打开市场。新的地区代表到了以后，顺利地接过方平的工作，给了方平很高的评价。几个月以后，公司要在另一个地区开辟新的市场，第一个想到的就是方平。有些机会不冒险就得不到，如果方平没有赌上自己的工作，也不会得到这个机会，更没办法好好地展示自己。

一个机会对我们来说到底有多重要，没有人知道。我们只能大概评估这个机会有多大的价值，总有人不会想那么多，也总有人会愿意为机会冒险。一旦这样的人出现了，你的机会就会被抢走。那么，你愿意这样的事情多次出现在你的人生中吗？如果无法忍受的话，你是否愿意冒险赢得机会呢？

富贵险中求，或许说的就是冒险才能赢得机会，不肯冒险得不到任何机会。埃隆·马斯克虽然问题不断，但不能否认，特斯拉仍然是世界上顶级的电动车，SpaceX仍然是世界上最好的私人航天公司。埃隆·马斯克是个爱冒险的疯子，在他之前，从来没有一个亿万富翁敢倾家荡产地将自己的所有资金都投入一个前所未有的领域中去。这是一场前所未有的大冒险，是一条没有人走过的路。但马斯克成功了，他不用在失败以后搬到岳父家的地下室去住，而是一度成为现实中的钢铁侠，成为硅谷中最炙手可热的人物，这些都是他靠着冒险得来的。

如果埃隆·马斯克像其他亿万富翁一样不肯冒险，我们会看到什么呢？特斯拉与SpaceX最多只能剩下一个，有能力、有理想探索太空的机构又少了一家，他所掀起的电动车狂潮可能会在几十年以后才能复兴，人工智能与脑机接口领域又少了一个投资者，人类接触科幻作品中的未来又会晚上几十年。埃隆·马斯克展开的大冒险，不仅让他获得了成功，更改变了世界，甚至改变了人类未来的走向。如果他不冒险，这一切都将错过。

靠着一次疯狂的大冒险成功的人不在少数，不仅是因为他们本身就具有才能，更是因为他们有抓住机会的勇气。成功了，就能改变人生，功成名就，而失败了，可能就会一无所有，甚至搭上余下的人生。如果是你，你会做出怎样的选择？或许你会说自己不曾碰到这样的机会，不曾碰见值得你用整个人生去冒险的人或事，那是你真的不曾碰见吗？或许只是你放弃了，或从来没有察觉到而已。

当我们走过的人生越来越多，余下的越来越少时，我们能够碰见的机会也越来越少。机会越来越少的时候，抓住一次机会是多么至关重要。恰恰在这个时候，人们会选择退缩。是啊，走过的人生越多，拥有的东西就越多，就越舍不得失去这一切。同样，不敢冒险的人不会赢得机会的眷顾。江湖越老，胆子越小，也越容易被那些更有勇气的年轻人抢走机会，最终被掀翻在地。如果你还年轻，愿意冒险抓住机会吗？这可能是你最好的时机。如果你已经青春不再，还愿意来一场大冒险，抓住人生中为数不多的机会吗？总之，不要等到再也没有勇气的时候，望着机会叹息。

多数人尚在观望之时，恰恰是你最好的时机

从众心理对人们的生活来说，是很有指导意义的。人们会选择人多的餐馆，选择人多的娱乐活动，甚至有时候，一件无聊的事情因为有了围观的人，且人数持续增加，不管喜欢不喜欢，人们都会停下来看一看。人有从众心理，是因为觉得众人的智慧远胜于个人的智慧，做出选择的人越多，就代表这个东西越好、越有价值。此时此刻，人们常说的一句话就被抛在脑后，那就是真理往往掌握在少数人的手里。大多数人的选择，未必就是最好的选择，理性的思考，才应该是你做出判断的唯一标准。特别是走在成功的道路上，所有人都开始行动的时候，这条路就显得格外拥挤，想要成功也就变得更难。只有选择一条大家都在观望的路，你才有可能脱颖而出。

国产手机如今的局面堪称百花齐放。2018年，国产手机厂商是最先寻找各种方案来解决屏占比问题的，远远领先于三星、LG等国际知名大厂。不管是滑盖式设计还是双屏设计，都惊为天人。这种大胆尝试的精神，值得赞叹。然而，国产智能手机的起步却很晚，最先开始进行尝试的是魅族公司，但让国产手机呈现迸发式增长的是小米公司。虽然魅族与小米从体量和销量上比不上华为，但它们仍有大量的铁杆粉丝。这一切是因为魅族与小米在别人都在观望时，就开始做智能手机了。

　　魅族是国内较早开始做MP3播放器的公司，创始人黄章对电子产品非常痴迷，这也为魅族走向智能手机市场打下坚实的基础。苹果是现代智能手机的先驱，甚至可以说是重新定位了智能手机。但是，真正让智能手机遍布全球的却是谷歌公司。苹果公司让人们认识到电容屏的好处，改变了人们对触摸屏不方便的观念。从那时开始，黄章就打算做一款电容屏的智能手机。经过一段时间的努力，魅族M8出现了，它虽然有非常多的问题，但仍然受到用户的追捧，毕竟这是国内首款电容屏智能手机。从那天开始，魅族就积累下大量的人气，为日后打下坚实的基础。如果说魅族抓住了机会，那就是在别人观望时，它果断出手。

　　小米公司的崛起，同样得益于其他人的观望，不仅是国内，甚至是国际上的。当时，手机系统非常封闭，即便是号称更加自由的安卓系统，也有很多手机公司不肯开放手机锁，只能在小范围内对手机做改动。即便是索尼、HTC这样有定制UI的系统，易用性同样与原生系统相差无几。小米公司的MIUI颠覆了这种状况，开放式的设计，大量与安卓原生系统不同的定制内容，让小米在易用程度上远超其他安卓手机。正是因为小米的做法，才让其他国产手机厂商格外注意本地化问题和系统的易用性问题。

　　正是因为魅族和小米在别家公司还在观望的时候抢先一步做出决定，才能以较小的企业体量抢占了比较大的市场。特别是小米公司，一度成为国产手机的第一品牌。以抢占先机换来的优势，不可能是永远的，但却能给你带来一个与那些"庞然大物"公平竞争的机会。如果不肯放手一搏，选择观望，可能在市场中连一口剩饭都吃不上。

选择观望，等一个做出头鸟的人先尝试，再决定自己怎么做，这是一种非常稳妥的做法，但却不是一个等待机会的人应该选择的。如同在一群饥饿的人面前，突然出现了一碗美味的面条。这碗面条能吃吗？有毒吗？周围是否有陷阱呢？没有人知道。那些身强力壮的人，自然可以等着别人先去试试，一旦别人试过，可以吃，他们就可以抢走。而那些体型瘦弱的人，则不能等着别人先去尝试，只能趁着所有人都在观望的时候冲上去尽可能地多吃，才能将自己的利益最大化。

另外，所有人都在观望的东西，必然比没人观望的东西更有前景。有人观望，就意味着这是个机会，是个很有利的机会。没有人动手，只能说明人们还不了解风险。如果明确了其中的风险，或是找到了风险的解决方案，势必会有大量的人一拥而上，这时候想要再独占机会，几乎是不可能的事情。

某市著名的商业街上，有一家很小的门脸，所经营的商品只有一种，那就是包子。第一次看见这个包子铺的时候，我满心好奇。这样小的门脸，在商业街上本来就罕见，卖吃的更是头一份。其他类似大小的门脸，都在卖首饰、手机配件等东西。在和店主小颖聊天的过程中，我得知了她开这家包子铺的想法。小颖上大学之前就想创业，精心筛选了项目以后，她决定开一家包子铺，她的家人也非常支持她的想法，但是在选址上却有着巨大的分歧。她的父母倾向于将包子铺开在小区附近或学校旁边，其他人都是这么干的。在商业街卖没有什么特色的小吃，简直是自寻死路。商业街里有各种各样平日不多见的小吃，除了国内的，还有很多国外的，想要吃小吃，自然不会去吃包子，而想要好好吃饭的人，附近的各种饭店、餐厅、美食城，更能够满足需要。她的父母甚至做过调查，问过商业街小门脸的店主，不少人表示这样的小门脸除非有独到的特色，不然干什么都赚不了多少钱。曾有几个抱着和小颖一样想法的人，因为前景实在不明朗，最终打消了念头。

小颖认为，既然大家都考虑过，说明还是有希望的，只是没有人这么干过而已。出来逛街的人，并不是每个都有钱，也不是每个人都有时间去饭店好好地吃饭。很多学生吃小吃不能饱腹，去饭店又囊中羞涩，自己卖包子，不正是满足了他们的需求吗？最终，小颖的父母拗不过她，答应了为她在商业街找个小门脸的要求。

事实证明，小颖是对的。她店里的包子比一般的包子大些，控制在女孩一个刚好能吃饱的个头，价格刚好是其他包子铺两倍的价格。对在商业街这种寸土寸金的地方，这个价格并不贵。包子铺刚开没多久，就大排长龙。特别是在周末，队伍比坐公交的还要长。很多学生是在逛街的时候买上一个包子，边走边吃，毕竟他们的时间宝贵，钱也不多。等我第二年到这个城市的时候，很多小门脸已经不卖首饰、手机配件等东西了，开始卖一些比较实惠的食品，如用塑料小碗装的面，包着肉松、菜肴的美味饭团，现场烤制的馅饼等。果然，有了小颖这个出头鸟，其他人也不甘落后，行动了起来。但是，整条街上所有的店里，始终是小颖的包子铺里排队的人最多。

其他人都在观望的时候，正是你最好的机会。虽然这是一种冒险的行为，但同样是以小博大的最好机会。如果你缺少勇气，又缺少底气，凭什么能够成功呢？想要拥有竞争力，要么比别人早，要么比别人好，这是不变的道理。所以，当你发现所有的人都在观望的时候，不妨试一试，也许这就是属于你独一无二的机会。

机会就是别人的未知、你的已知

古时期，人们想要获得信息，是非常麻烦的。一封信，在路上的时间可能要超过一个月。离开故土，很可能就意味着再也见不到故乡的人了。那个时代，信息非常重要，往往一个消息，就是一个巨大的机会。哪里缺少什么东西，哪里盛产什么资源，哪里什么东西稀缺，这些都能够让人快速地积累财富。现代社会，人们获得信息变得非常容易，这让人们在某种程度上忽视了信息的重要性。网络可以让天南海北的人瞬间交流信息。如果你能够获得别人不知道的信息，就相当于获得了一次重要的机会。人们都说迟则生变，如今的信息交流如此快速，当你领先别人一小步的时候，就能够通过快速地传递信息将其变成一大步。

某市的两家服装厂多年以来一直是竞争对手，虽然各自有自己的品牌，但名气都不大，主要依靠为其他名牌做代工盈利。刚开始的时候，两家工厂的竞争还没有那么激烈，时间长了，这种竞争就变了味道，越来越激烈，甚至有些仇视的意味。多年以来，两家的领导人一心想要超过对方，但始终得不到机会。每年，双方服装的款式都非常类似，有些时候如果不看商标，甚至会认错衣服的牌子。

这一年，某市要举办一次服装展览会，不仅要展示各品牌的服装，还要销售服装。两家都觉得，这是一个击败对手的好机会，如果展览会结束的时候，从负责这次展览会的领导口中报出销量，自家品牌的服装能够击败对手，就能在舆论上形成巨大优势。虽然这次展览会在年中举办，但年初两家就开始摩拳擦掌，寻找击败对手的方法了。不管是从设计还是从宣传上，双方都制订了很多计划，想出很多新点子。因为这次展览是在户外，每个厂商都会有一个帐篷，就连帐篷双方都是定制的，希望能够展示自己的品牌个性。

展览会即将开始的前一周，官方开始分配展位。由于来参展的大牌很多，两个小品牌虽然是本地的，却没有地利上的优势。留给他们的两个展位，一个在展区中部，另一个在展区的最后面。不管从哪个角度看，最后面的这个位置都很有优势。如果顾客是从后面进来的，他们所看到的第一个展位必然会给他们留下印象。而如果是从正面进来的，看到最后一个展位时，势必也会更加用心。于是，双方就这个展位展开激烈的争夺，唇枪舌剑，互不相让。当天并没有定出结果，负责展会的官方决定第二天给出一个让双方公平竞争的办法。

所有人都认为，第二天双方会有更加激烈的竞争，结果一方只微弱地抵抗了一下，就让出了之前争得头破血流的展位，乖乖地接受展区中间的位置。坐山观虎斗的各方都疑惑不解，甚至有人猜测是另一方使用了什么不光彩的手段，逼迫对方退出竞争。

几天以后，展览会开始了，果然就像两家之前所想的那样，展览区的最后一个展位存在很大的优势。为期三天的展览会，它第一天刷的官方销量就拉开不小的差距。拿到最后面展位的那家洋洋得意，认为这次已经胜券在握，一定能够击败对手。结果，当天展会即将结束的时候，下起了雨。各家只好收拾东西，准备第二天继续。让人意想不到的事情发生了，当天晚上的雨越下越大，到了早上才开始有停的迹象。设置展区的那条街，由于建成的年代较早，排水设施并不太好，而且整条街的地势是倾斜的，所有的雨水几乎都集中到尾部的那个展区了。第二天雨停展览会开始的时候，其他的展位几乎没有受到大雨的影响，只有尾部的那一家，地面汪起脚面深的水。所有的顾客看到这一幕，都望而却步。第二天和第三天，这一家几乎颗粒无收，自然是将展位选在中间的那一家战胜了对手。即便对方在第一天占到便宜，但怎么敌得过三天的总和呢？

最终的胜利者不管是在实力还是其他方面，都不具备压倒性优势，最后却取得了压倒性胜利，就是一则简单的信息带来的。多数软件只能预报七天左右的天气，超过七天的就很难预测准确了。而这一家的负责人，他的女儿在市气象部门有个同学，当她得知父亲的品牌要在那几天参加展会，并且展会还是在户外举行的时候，就问了同学那几天的天气。得到的答案改变了整个故事的结果，就是展会开始的那天晚上十有八九会下大雨。得知这个消息以后，他们马上对展会的地形进行勘察，得出展会中间的位置远比尾部的更加安全。

信息时代，人们获得信息的速度更快、途径更多，但不代表信息就没有价值了。越是这种时候，信息就越重要。一个旁人看来微不足道的信息，很可能就是一个难得的契机。分析信息是金融专家每天的必修课，每个企业发生了什么事情，他们都必须知道。在这些看似不会有什么太大影响的信息中，就隐藏着财富的密码。抽丝剥茧，让这些财富密码变成财富，正是他们的工作。

　　不管在任何时候，只要你能找到别人不能知道的信息，就已经手握机会了。一个信息所能带来的巨大优势，是很多人难以想象的。善于搜寻、分析信息，让别人的未知变成你的已知，你就能从众多的不确定中找到确定，领先别人一步获得机会。

把不确定变成你的优势，乱中取胜

寻找机会的路上，我们有很多敌人，很多对手。在这种情况下，如果你没有一个特别的机会，想要获胜非常艰难。那这个机会究竟在哪里，又该如何抓住呢？很多比我们强大的人，并不是因为他们有比我们更高的才能，更多的是在于他们的经验比我们丰富，手段比我们老道。这是因为，经验会带来更多应对麻烦的机会，能够从刚开始就让计划顺利进行。因此，想要获得机会，就必须将其他人所拥有的经验所带来的差距抹平。

小五是一家公司的业务员，进入公司几个月了，成绩不算优秀，但也中规中矩。这可不是他想要的，他觉得自己有口才，头脑也不错，缺少的只是经验而已。如今，一个难得的机会摆在他的眼前，他得到了一个有很大发展潜力的客户。如果能将这个潜在客户变成稳定客户，一定能让他在公司的年轻人中业绩领先。小五想要达成这个目标，却有两个难点，一是这个客户很难搞定，颇有油盐不进的意思；二是他有一个来自其他公司的竞争对手老郑。老郑在业内颇有名气，距离金牌销售的称号只有一步之遥。

双方刚开始交手，小五就落入下风。老郑凭着自己年龄上的优势，很快就和年纪相仿的客户拉近了关系。而小五费了好几天的功夫却一无所获，客户始终和小五保持距离，甚至还能感受到淡淡的敌意。如果照这个趋势继续发展，要么就是小五和老郑都没能拿下这个客户，如果客户动摇了，也一定不会选小五。为了扭转不利的状况，小五决定寻找别的突破口。经过小五的细致观察，他发现每个星期四，客户都会到一家网球俱乐部去，似乎是个忠诚的网球爱好者。能不能通过网球和对方拉近关系呢？这似乎是一个全新的思路。但是，小五的问题仍旧存在，他不会打网球。如果就这样贸然地加入网球俱乐部，也无法接近客户。强行接近客户，只会表现出太强的目的性，引起客户的反感，加深他的敌意。

虽然发现了新的思路，小五却比之前更难受了，就好像阿里巴巴站在宝库的门前，却忘记了口令是什么。既然眼前没有别的办法，那么就赶紧练习网球吧，让自己的水平达到入门的水准。于是，小五每天工作结束后，都会练上三四个小时的网球。

小五的日子不好过，老郑的日子同样不好过。虽然他拉近了与客户的关系，但是客户始终没有和老郑合作签下订单的意思。在小陈寻求突破口的时候，老郑同样也在寻找。几天以后，老郑才察觉到，那个和自己竞争的小子怎么不见了？在好奇心的驱使下，老郑托其他公司的同行打听了一下小五的近况，听说小五最近每天都在苦练网球。听到这个消息的老郑，马上就察觉到不对劲，因为他在客户的家里看见过网球拍。老郑感觉到一阵苦涩，毫无疑问这是个有效的突破口，如果自己现在开始另寻突破口的话，一定会被小五甩在后面，无奈之下，老郑也悄悄地练起网球。

老郑的年龄大了，开始练球也比小五晚，情况对他非常不利。就在老郑还在苦练的时候，小五已经有了一定的水平，勉强算是入门了。有了底气的小五马上报名参加了那家网球俱乐部，成为会员。而老郑的网球水平虽然连入门都算不上，但还是硬着头皮加入了。这对老郑来说是痛苦的，一场销售技巧上的竞赛变成一场网球比赛，老郑拙劣的球技暴露了他加入网球俱乐部的目的。这位警惕心极强的客户，显然不喜欢老郑用这种目的性极强的方式接近他，和老郑翻了脸。而没有竞争对手的小五，花了很多时间，用了不少功夫，终于拿下了这个客户。

面对竞争对手比我们经验更加丰富的时候，我们能够将差距抹平的最佳办法就是让过程充满不确定性。对手的起点比我们更高，如果有办法将对手拖进双方都不熟悉的领域中来，最起码这场竞争是公平的，我们不会站在低处，对方也不会站在高处，甚至可以利用对方的轻敌，击败对方。

打乱整个局势的节奏，也是抹平差距的方式之一。如果我们缺乏经验，从一开始就处在劣势，那就意味着对方的步伐一定比我们更快、更稳健。如果我们能够打破整个局势，对方领先我们的步伐都将变成不存在的了。我们刚刚离开起点，对方可能已经走到中途，在局势被弄乱的一瞬间，双方又都回到起点，至少我们能够缩短落后的距离，为自己赢得一线生机。

20世纪70年代，两个东南亚国家之间发生了一场战争。两个国家的人民生活习惯一致，武器装备水平大致相同，所使用的战术都是利用丛林打游击战。但其中一个国家由于经常与周边国家有摩擦，战争经验非常丰富。战争一打响，缺乏经验的国家就节节败退，接连的失利让他们看不到一点希望。在一场关键的战役中，一位将军突发奇想，如果我们不打游击战，改打炮战，对方是不是就跟我们站在同一起跑线上了？或许能够从中赢得一线生机。于是，他要求将大量的炮弹调到他的战线上来，先发制人。对方被打了个措手不及，从没想过对方会将大炮全都调到这里。他们也紧急地将所有大炮集中起来，展开对抗。结果，双方两败俱伤，最后顺利和谈。

　　在对手擅长的领域中与其作战，这是一件不可能获胜的事情。能够威胁到我们的对手，往往是和我们身处同一领域却比我们更强的人。想要战胜他们，就必须利用不确定性，抛开我们擅长的东西，在双方都不了解的领域中作战，这样才能抓到获胜的机会。

第五章 麻烦就是机会，好运偏爱麻烦不断的人

DIWUZHANG

生活中，没有人会喜欢麻烦。但是对于寻找机会的人来说，麻烦却不是那么可怕的东西。有些时候，麻烦就是机会。越是麻烦不断，就说明遇到的机会越多。麻烦与机会是一对双生子，有麻烦的地方就会有机会。能不能抓住机会，只看你能否找到它。

麻烦：玻璃心的炼狱，弄潮儿的天堂

　　我们常说，面对机会的时候要做两手准备，既要赶紧抓住，又要小心。机会不仅来去匆匆，更是经常伴随危机和陷阱。如果我们逆向思考危机与机会的关系，会发现两者总是相伴，形影不离，在你遇到危机的时候，是否意味着它的背后就有一个机会呢？当然，人生中的危机和机会一样罕见，而且没有人愿意遇见。不过，危机虽然不常见，但麻烦却总是如影随形。

　　说它如影随形，一点都不夸张。比如，明明是寒冬时节，却下起了大雨，让人始料未及。一双新皮鞋，回到家的时候已经面目全非。比如，在南方的时候，一个朋友想吃饺子，让我去帮忙，我欣然允诺以后，发现他还请了几个人，准备了五斤面粉，而会擀皮的人只有我一个。又如，晚上想要吃夜宵，又懒得出门，想要吃的店家又没有送货上门的服务。过得舒服是每个人生活中的基本要求，而想要达成这项要求，总是会遇到各种各样的麻烦。玻璃心的人只会觉得这些麻烦简直是人间炼狱，但是弄潮儿却能从中看到天堂的大门。

　　突如其来的大雨天，有人觉得麻烦，有人却想出共享雨伞的点子。饺子皮难做，有人从中看到辛苦，有人却因此发明了各种机械，从和面到擀皮一气呵成。有人觉得晚上出门吃饭实在太不方便了，觉得人生真是艰难，而有人却因此发现外卖平台这样一个巨大的金矿。不同的人看待问题的视角是不一样的，有些时候，麻烦的背后就是一次机会。

丁伟是一家淘宝店的店主，主要经营的项目是食品，他的店铺如今已有一串的皇冠了。但要说他是如何做到这一点的，可不仅仅是因为店开的时间比较长。丁伟进驻淘宝网的时间不算早。淘宝网是2003年成立的，他2006年才完成学业，开始创业之路。丁伟的父母经营着一家干货店，主要经营的项目是调料和火锅常用的一些干货食材。后来，他们又收购了隔壁的铺面，开始销售干果。虽不能说是大富大贵，但生意也还算不错。丁伟毕业以后，父母就让他回家帮忙，结果丁伟发现，生意并不像他想得那么好。

一次，丁伟想要买双鞋子，但是老家并没有他上学时穿惯了的牌子，只好去网上购买。在购买的过程中，丁伟想到，如果能在网上开店，售卖家乡特产的火锅调料，应该会有不错的销量。随后，丁伟就将自家所有的产品放到淘宝网上售卖。丁伟的想法是好的，但有人比他的动作更快，特产火锅料在网络上早已不罕见了。几个月来，火锅料一直处于无人问津的状态，反而是干果有了一些销量。

丁伟仔细地检查了每天对于干果的评价，绝大多数人都给了好评，认为丁伟卖的干果货真价实，物美价廉，但是回购的人却不多。丁伟好奇地私聊了几个顾客，想要知道对方没有回购的原因。绝大多数的客户没有给他答案，而一小部分客户却滔滔不绝地表示，自己不是经常吃干果的人，偶尔吃一次真的挺麻烦的。麻烦在哪呢？首先，很多人吃过的干果种类并不多，面对琳琅满目的干果，不知道买哪一种好。全都买的话，万一不喜欢怎么办。一种一种地买，每次都要付运费。而且，很多干果想要吃得顺心，就必须有对应的工具。很多工具，生活中不太常见，而在网上买还没有运费贵呢。其中一位用户表示，自己购买的夏威夷果都是硬把外壳砸碎的，买了不少，完整吃进嘴里的却没几个。

丁伟又看了一下其他同行的评论，发现这种问题不仅是自己一家存在，几乎每家卖干果的都遭遇了这种问题。丁伟马上就察觉到这是个机会，于是他效仿一些零食商家的做法，把干果选出几种，用小包装封装在一起，以大礼包的形式售卖。不用花太多的价钱，就能让顾客品尝到多种干果的口味。而且，根据礼包内的干果类型，还会附送不同的工具。这一举动很好地解决了顾客的麻烦，更多的人愿意尝试，回购的顾客越来越多。

干果销量蒸蒸日上，而火锅调料和干货的销量也被带动着有了一些增长。丁伟又一想，能不能把干果的销售方式用在火锅上呢？很多人购买干货的时候，并不会单独购买哪一种，而是需要多种多样的商品。很多顾客在购买的时候会尽量在同一家选择，这样可以用一个包裹寄来。如果自己能够丰富产品的种类，将各种火锅原料做成套餐，购买的人岂不是会省掉很多麻烦？丁伟马上行动起来，他先是丰富了网店里的东西，然后发布了几个不同口味的套餐，销量果然大大增加。

麻烦是令人难受的，与舒服相对，是人们幸福生活中的瑕疵和阻碍。既然有麻烦，就会有想要解决麻烦的人。谁能够解决麻烦，就相当于抓住了一次难得的机会。麻烦其实并不讨厌，只是看你从哪个角度去看。如果你不是玻璃心，总能从麻烦中找到点什么突破口。

当规避麻烦成为一种本能的时候，你也就很难找到机会了。如果因为一件事情太难做，就选择不去做这件事情，那么无数为我们解决困难、方便我们生活的东西就不会出现。面对麻烦，我们要做的不是规避，而是想办法解决。也许你解决麻烦的方法，就是你成功的契机。

哪里有问题，哪里就一定有机会

"危机"由两个字构成，"机"就有机会的意思，也就是说，忧患并非百分之百的危险，里面蕴藏着步步活棋，有无限的契机。学会化解"忧患"，使之变成机会，就是我们能否成功的关键。

正所谓"祸兮福之所倚，福兮祸之所伏"，每个改变都会产生两种结果，一个是正面的，一个是负面的；即使是负面的，同时也会带来一次机会，那么在一定的条件下，危机也可能成为发展的机遇。

这正如钢铁大王卡内基所说："任何人都不是与成功无缘，只是大部分人都无法自己去创造机会而已。"当危机出现的时候，如果我们能够从中发现问题的根源，采取积极的行动，完成从"负面"到"正面"的转变并非难事。

明朝永乐年间，明成祖借着迁都之际，准备进一步扩大和充实皇宫的规模，集中了全国各地著名的工匠大兴土木。当时被誉为"蒯鲁班"的著名工匠蒯祥，被任命为主持这一工程的负责人。

工部侍郎一向对蒯祥十分嫉恨。在一个雷雨交加的深夜，他偷偷溜进工地，将已接近完工的宫殿大门槛的一头锯短了一段。蒯祥第二天早上来到工地时，不禁大吃一惊：工期将至，且已经没有可以重建的同样材料，这该怎么办呢？

要知道，这样的事情足以使人掉脑袋，蒯祥的处境一下子变得危险，旁边的人暗自为他捏了一把汗。但蒯祥知道现在抱怨或叫苦都没有用，唯有想办法弥补，消除危机才是最关键的。

一番冥思苦想后，蒯祥忽然想出一个别样的办法：把门槛的另一头也锯短一段，使两头的长度相等；同时，在门槛的两端各做一个槽，使门槛可装可拆，成为一个活门槛。他还准备在门槛的两端各雕刻一朵牡丹花，既可以遮掩两端的槽，又能使门槛色彩鲜艳，显得更加富丽堂皇。

到了工程完工的那一天，明成祖亲自带领文武百官来验收。他看到宫殿的门槛是活动的，拆掉门槛后，轿子和车马可以直进直出，比固定的门槛更加方便；而且，门槛两端雕刻的牡丹花也十分漂亮，便对蒯祥大加赞扬和赏赐。

小人暗自锯短已近完工的宫殿大门槛，将蒯祥置于失去生命的危机之中。而蒯祥通过冥思苦想，使门槛可装可拆，成为一个活门槛，化危机为机会。这一变局，不仅保住了自己的脑袋，还在我国建筑史上留下一段广为传颂的佳话。

可见，危机并不可怕，可怕的是对危机心存畏惧、怨天尤人、坐以待毙。在危机面前，我们需要做的是振作精神，冷静面对，认真思考，用心捕捉危机中的转机，化险为夷，实现新的飞跃。

事实上，那些真正的成功者，在面对不利的变局时，总能保持相对的冷静和勇气，妥善地将负面变局加以有效利用，并机智地将其转化为机会，进而引发某种富有价值的成果。

王某是某高原地区苹果园的经营者，每年到了收获的季节，他都会将上好的苹果装箱发往各地。由于高原地区苹果味道佳美，污染很少，深受顾客的青睐。可是，天有不测风云，有一年突然下了一场特大冰雹，把结满枝桠的大红苹果打得遍体鳞伤。

冰雹结束后，王某看着满园伤痕累累的苹果，心事重重。这时候，苹果已经订出9 000吨货。如果把被冰雹砸过的苹果发给经销商，大家不满意，也砸了自己的牌子。如果到时间发不出货，不仅自己会遭受巨大的经济损失，经销商也会遭受连带的经济损失，同样是砸了自己的牌子。这可怎么办呢？

"咦？是不是有更好的方法能够改变这种状况呢？"王某俯下身来拾起一个打落在地的苹果，揩了揩粘上的泥，咬了一口，意外地发现，被冰雹打击后的苹果，变得清香扑鼻、酣浓爽口。

一个绝妙的主意油然而生！王某果断地命令手下集中力量，立即把苹果装进箱子，并发运出去。每个苹果箱上，都附上一个简短说明："不要光看苹果的外表，这是冰雹打出的带疤痕的苹果，是高原地区出产的苹果的特有标记。这种苹果，果紧内实，具有妙不可言的果糖味道。"

很快，经销商便收到这种带伤的苹果。大家看着苹果难看的样子，半信半疑，可尝了一口，却发现口味独特、甘甜异常。从此，人们更青睐高原苹果，甚至还专门要求提供带伤疤的苹果。

如果把疤痕当作苹果容易被销售出去的标志，无论如何都要佩服这个天才般的创意。俗话说，"没有笨死的牛，只有愚死的汉"，积极开动脑筋，学会化解"忧患"，使之变成机会，没准就是我们成功的开始。

我们应该认识到，某件事情一方面的危机，也许正是另一方面的契机；这件事情上的危机，很可能正是另一件事情上的契机。我们要掌握好驾驭变局的主动性，如果不去改变，谁也无法知道危机中隐藏着怎样的契机。

　　总之，只要掌握成功驾驭变局的方法，就可以将负面变局化为正面转机，走向一个新的开始。我们自身的智慧和才能，往往是在"负面"到"正面"的变局中得到充分锻炼。

你的每一次逃避，都可能是错失良机

　　趋利避害是人的本能，没有人愿意承担比别人更多的事情，这意味着辛苦，意味着麻烦，意味着自己获得的资源和别人一样，但做的事情更多。你是否想要得到比别人更多的机会？是否想要获得别人不曾得到过的机会？是否想要在成功的路上超越那些和你做的一样多的事情的人呢？那么，你就不能逃避。

　　逃避的确会让你过得轻松，那是因为还没有更重的担子压在你的身上，没有更多的责任需要你担当。一旦你需要承担更多的责任，需要更多的社会资源才能维持生活时，你就会发现自己之前的逃避是多么愚蠢，是对自己人生的不负责。正是这种为了让自己更加轻松的逃避，为了让自己始终处在舒适圈的逃避，让你不断失去机会。

　　小王是个特别滑头的人。学校要求跑步的时候，他总是会在开跑以后找个地方躲起来，等到快跑完的时候再回到队伍里。大扫除的时候，总是借口出去打水，半小时以后再出现。逃避对他来说，不仅无比平常，更是觉得自己从中获得了很多好处。特别是在看到别的同学累得面红耳赤、腰酸背疼的时候，他总是有一种智商上的优越感。那些努力的人，那些面对困难迎头赶上的人，在他的眼里，就是一个又一个的傻子。

　　大学时，小王没有参加过任何社团，对他来说，上课就已经够辛苦了，更别说还要做其他事情。去敬老院，参加志愿者活动，这些能够赚学分的事情，他也从来不去，他宁可多修一门课，毕竟自己学到了本事，去干那些多余的事情，对自己有什么好处呢？面对学习之外的事情，他都是能躲就躲，久而久之，其他同学有事情就不再招呼他了。

毕业以后，小王找到一份不错的工作，在某家知名办公软件公司做实习生。但是他仍然喜欢逃避，认为自己就应该拿多少钱干多少事，凭什么总是干自己责任范围之外的，又没有好处拿。一次，公司要举办一个小活动，他们部门需要在宣传海报上写一点东西。小王的文笔其实不错，但是当领导问有谁能写这个东西的时候，他却没有自告奋勇。他想，多做多错，少做少错，不做不错，我又不是没有能力，没必要用这种事情博得领导的好感。还有一次，他们办公室有一台电脑的网络出了问题，虽然大家平时都用电脑工作，但面对写代码之外的事情，一时间居然都有些手足无措。小王懂一点网络方面的知识，但他又逃避了，因为如果要帮忙修的话，可能要插拔网线、弄路由器，甚至还要打开机箱，那么多的灰尘，肯定会弄脏衣服的。就在小王的实习期要结束时，公司购买了一批盆栽，说要改善一下各办公室的环境。盆栽放在公司的楼下，领导到门口喊了一声："来几个有力气的男孩，下去帮忙搬一下盆栽。"说完，几个人就站起来跟着领导下去了。看着他们下去的背影，小王松了一口气，要是没人去的话，自己就麻烦了，凭着自己一米八的身高，十有八九会被领导认为是力气大的。

实习期快结束时，人事部会给每个实习生发邮件，通知他们准备签正式合同还是离开公司。看着其他人忐忑不安的样子，小王如老僧入定一般，他丝毫不担心自己是否会被留下，因为他觉得自己的能力很强，又比他们聪明，所以一定会被留下。结果，当小王打开邮件的时候，整个人都傻眼了，他没有被通知签署正式的合同。小王在午休的时间找其他人打听了一下，发现他们办公室除了他之外，所有的实习生都被签下来了。小王非常生气，找到人事部的人询问原因，他到底哪里不合格。人事部的人告诉他，这个决定是小王的领导亲自来说的，他认为小王的能力虽然不差，但凡事都不积极，即便成为正式员工也未必能够贯彻公司的企业文化，更不能胜任团队合作。

最轻松的那条路，有时候未必是最近的，甚至连正确的都算不上，反而是一条错误的。机会有时候就隐藏在困难的背后，如果遇见困难就逃避，又如何能够看见困难背后的机会呢？一味地逃避，如果有一天你被困难包围，又如何才能突破重围呢？

每个人都有不愿直面的东西，有些人怕辛苦，有些人怕麻烦，有些人怕动脑筋，有些人怕陌生人。当我们害怕一件事情的时候，究竟是我们不愿意做，还是压根不能胜任，所以本能地选择了逃避？人生那么长，逃得了一时逃不了一世，总有一天你会和一直逃避的问题、避而不见的困难狭路相逢，而你所不愿意面对的事情可能就是你所渴求的机会。你能获得这次机会吗？即便你此时已经鼓起勇气，想要迎上前去战斗，也会发现自己既没有准备，也没有经验，甚至连从哪里下手都不知道。

每一次的逃避，都是错失了一次良机，只不过每次失去的机会都不一样。有些时候，你失去了一次提高自己的机会，失去了好人缘，失去了别人的信任，失去了上升的机会……逃避是一种能让你轻松的做法，但却不能让你成功。如果你对成功毫无渴望，只想安安稳稳地混日子，逃避可能不会成为影响你人生的大麻烦。但如果你还有雄心壮志，对人生有渴求，对职业生涯有目标，有未曾抵达的目的地，那就不要再逃避。不管是什么样的麻烦，你总有不能逃避的一天，总有被迫要面对的一天。面对得越早，你就越能锻炼出解决这种麻烦的能力。早晚有一天，你会发现你不再担心害怕，也不再有逃避的想法，因为这个时候，已经没有什么能够难倒你了。当机会出现在你面前时，还有什么是你得不到的呢？

失败的废墟里，也可以挖出金子来

　　机会与成功，经常结伴而来。获得了机会，距离成功就不远了。但是，成功作为一个终极目标，却不是那么容易达到的。人们在追求成功的路上，经常会经历一次又一次的失败。人们都说失败是成功之母，经历了越多的失败，就越容易成功，这主要是因为在失败的废墟中，其实有大量的金子可以挖掘。这个金子可能是一次失败的经验，可能是一个之前没有注意到的瑕疵，也可能是失败作品的一个可取之处。只要能够从失败的废墟中找到金子，就能够找到成功的机会。

　　你儿时玩过橡皮泥吗？橡皮泥是很多小朋友喜欢的玩具，可塑性强，可以变换成各种形状。塑形的时候，即便出现失误，从头再来也非常简单。在橡皮泥刚刚被发明的时候，它风靡了整个美国，几乎所有购买了橡皮泥的儿童，都用它做出各种各样的装饰品来装饰圣诞树。橡皮泥的风靡拯救了这家要破产的公司，而橡皮泥的出现，也是他们从失败的废墟中挖掘出的黄金。

　　第二次世界大战的时候，美国参加了战争，成为反法西斯同盟的一员。但是，战争开始以后，美国便陷入了困境，原因是他们缺少橡胶。美国本土不是天然橡胶的产地，只能依靠海运。当时的日本拥有很强的海运力量，在海上几乎切断了美国所有天然橡胶的来源。缺少天然橡胶，士兵脚上的皮靴没办法生产，汽车的轮胎也无法生产，于是，制造人工合成的橡胶成为很多公司的研究项目。

詹姆斯·赖特的公司也将合成橡胶作为重点研究项目。詹姆斯·赖特认为，硅油能够成为天然橡胶的良好替代品，在耐热、绝缘、梳水、惰性、抗压缩性、表面张力小等方面和天然橡胶非常相似，并对硅油做了大量的实验。一次实验中，赖特在硅油里加入硼酸，这是他们让硅油变得最像橡胶的一次。加入硼酸的硅油，柔软而富有弹性，可塑性强，黏性也不错。但是，在制作成品的时候，他们失败了。这种硅油虽然有弹性，但远远无法与橡胶相比，别说是轮胎了，就是做靴子都不合格。

花费了大量的时间与金钱，却只得到这样一个产品，公司无法继续支持赖特的实验了。没有办法，公司只能集思广益，想要将赖特的失败作品卖掉。经过几次会议和实验，公司高层认为，这种黏黏的东西似乎很适合作为一种针对壁纸的清洁剂。于是，加以包装和改进以后，新型的壁纸清洁剂就上市了。

这款清洁剂上市以后，马上就受到市场的认可，销量颇为不错，让公司避免破产的命运。但是经过市场调查，人们并不觉得这款清洁剂的清洁效果有多好。作为一种清洁剂，毫无疑问，这是一款失败的作品。但由于这款清洁剂的可塑性极强，又有相当好的黏性，所以成为孩子们喜欢的玩具。从那以后，清洁剂就变成了橡皮泥。

詹姆斯·赖特的产品无疑失败了两次，作为橡胶，它失败了，作为清洁剂，它又失败了，但作为儿童玩具，它大获成功。并不是所有的成功都建立在废墟之上，但也并不是所有的废墟都毫无价值。没有人知道一座废墟里究竟埋着什么，也许就有黄金也说不定。

　　老曹刚刚经历了创业失败，奋斗了几年，没有看见一点曙光。老曹的公司主要是做相机的三脚架，在创业的这几年，他几乎玩遍所有的噱头。和自己能联系上的、形象比较好的企业合作，将产品分成廉价版、豪华版、限量版来销售，什么饥饿营销、明星代言、商业炒作……不管用什么方法，他们公司生产的三脚架始终没有得到客户的认可，成本居高不下，打价格战只能全面溃败。这一次，老曹觉得自己真的坚持不下去了。

　　这一天，老曹打开一家专卖二手货的网站，看看自己公司的产品在二手市场上是个什么价格。如果公司真的坚持不住了，积累的库存换回的钱，可能就是他东山再起的资本。结果让他大失所望，在二手市场上，几乎没什么人出售他们公司的产品。也对，买的人都不多，更何况是卖的呢？老曹输入自己产品的关键词，烦躁地浏览着一条条和他们公司产品无关的内容。

　　他浏览的信息越多，越是产生出一种奇怪的情绪。他发现，将自己的产品品牌作为关键词搜索，虽然没什么人再转手三脚架，却有不少人转手他们豪华版产品中附赠的旅行箱。这款旅行箱是为了增加三脚架的话题性而定制的，虽然是其他工厂代工，但不管是外观还是内部构造，都是他们亲手设计的。不少人转售这款旅行箱的价格甚至达到全套产品的一半。不仅如此，还有不少人在求购这款旅行箱。

　　老曹无奈地自嘲，真是有心栽花花不开，无心插柳柳成荫，这个旅行箱看来还挺受欢迎的。可惜，自己的公司是卖三脚架的，不是卖旅行箱的。接着，一种亢奋的情绪冲到老曹的头顶，为什么不能卖旅行箱呢？既然旅行箱受到人们的欢迎，转卖旅行箱未必不是一条出路。于是，老曹开始改变公司的主营项目，和之前合作的设计师签下合同，又专门聘请了几个设计师，全面转型做旅行箱包。没多久，老曹公司的几款箱包上市了，果然广受好评。

失败意味着什么？意味着生不逢时，意味着落后他人，意味着走错了路。但不管是哪一种失败，都说明这条路未必就一定能通往成功，未必有机会。执着是一件好事，但是你走的路一片漆黑，而隔壁的岔路光辉夺目，这时还执着地走那条没有灯光的路，并不是正确的选择。既然失败了，就未必要死心眼地在一条路上走下去。也许那条路的终点是成功的，但也可能是死胡同。

失败的废墟中是有黄金的，是有机会的。或许这次的失败，就能让你避免下一次的失败，就蕴含下次成功的机会。所以，失败并不可怕，认为失败是一无所获才是真正的可怕。善于挖掘失败，反思失败，总能找到新的机会。

凡事都有两面性，也许反面就是机会

任何事情都有其两面性，没有什么事情是绝对的，只是有些时候坏的一面比好的一面作用更大而已。但人们遇到坏事时，往往会习惯性地将坏事的另一面忘掉。这或许是因为习惯，或许是因为受到打击以后的情绪，又或许是因为根本就没有想过。当你遇到一件坏事的时候，不妨看看这件事情的反面，你失去了什么，又得到了什么。你所追求的终点，并不是只有一条路能够抵达。转过头去，也许会看见另一条捷径。

这个世界上，从来不缺少幸运儿，他们总是能有更好的机会。即便失败，也能够获得常人难以企及的回报。老周家经营着一个在当地颇具规模的药店，虽说不上是连锁名牌，但收入也算是不错。老周家里有两个兄弟，将来药店只能交到一个人的手上。不想继承丰厚家业的人不多，老周显然不是其中一个。但老周从长相、身材、口才、稳重程度来说，完全不如弟弟。加上父母本来就更加疼爱年纪小的，老周从竞争中落败了。就当老周以为家里会让他给弟弟打工的时候，父母告诉他，家里会给他一笔钱来创业，用来弥补老周的损失。这件事情让老周大喜过望，他本就不想要经营药店，如果有钱创业，那真的太好了，这让老周颇有一种"塞翁失马，焉知非福"的感觉。

拿到创业资金的老周，很快就找到另一个情况和他差不多的朋友，打算合伙干点什么。朋友告诉他说，当地的旅游业可能会发展起来，不如两人在江边开一家度假村，距离村庄不远，地价也便宜。想法是好的，究竟能不能成功，谁都不知道。问题在于，两人都没有任何经验，从开始计划建造基础设施，就出了很大的问题。两个愣头青一头扎进一个不知道有多深的大坑里，一开始就出现了大大小小的问题。但是地皮已经买了下来，根据沉没成本效应，两人就算把手头的所有钱都投进去，也要坚持把这个度假村盖好。

两人一路磕磕碰碰，不仅工程经常出问题，更是因为没有事先跟村民商量好酒店影响采光的补偿问题被告上法庭。无奈之下，他们只好停工，花时间来打官司。官司一打就是一年多，距离度假村开工已经过去三年，两人手头的资金都已告罄，想要继续下去就只能找银行贷款。但是，到底要多少钱才能把这个窟窿填上呢？没人知道。两人垂头丧气地聚在一起，痛饮之后，心情格外颓唐。最终，两人决定放弃度假村这个项目，卖掉建筑材料、地皮和其他东西，能拿回来多少就拿多少。

老周报出想要脱手这些东西的想法，没多久就找到买家。他一看对方的报价，当时就呆住了，这个数目好像不太对。对方看老周的表情，以为老周嫌少，又对老周的那块地方褒贬了一番，用来佐证自己报价的合理性。不过，后面的那些话，老周一句都没听进去，只是说自己回去要跟合伙人商量一下。等到对方离开以后，老周才明白过来，那个高得离谱的报价是因为自己的那块地。三年的时间，他们买来盖度假村的周边已经开发起来，地价翻了三倍有余。当老周经过讨价还价，将所有的东西卖掉以后，不仅没亏，还赚了不少。面对这个结果，老周和朋友哭笑不得。谁说他们一点事情都没干成，这不就是一笔成功的投资吗？

老周的事情并不具备指导意义，他是个幸运儿，但不是个成功者。不过，想要成功，就必须学会寻找坏事的反面，看看是不是有机会。漫无目的地寻找，自然是行不通的，人生中的坏事太多，一件一件地抽丝剥茧，需要的时间和精力多到惊人。所以，我们在寻找时要有一定的目的，以下几种东西是需要我们着重注意的。

第一，思考遇到坏事的时候，是否有利于我们搭建新的人际关系。幸福和苦难，哪个能够给你留下更加深刻的印象？每个人都渴望幸福，但偏偏苦难才是人们终身难忘的。你大概会忘记人生中和你一同享受幸福的人，但却忘不掉与你共患难的人。如果你能够在患难之际伸出援手，对方可能会马上就把你引为知己。所以，当你遇见坏事的时候，看看和你一起倒霉的还有谁，也许这就是好运的开始，是一个难得的机会。

小霞是一名律师，年纪不大，在圈内也没什么名气，主要负责一些民事诉讼，收入虽然还可以，但按照小霞的话来说，不过是赚些跑腿的辛苦钱。一个周末，小霞坐着汽车去乡下看外婆，车上的人不多，她的前座就坐着一个穿着时尚又有钱的女孩。小霞是怎么知道她有钱的呢？因为她在一个客户的手上见过和那个女孩一模一样的表。她经常和同事戏称，人家手上戴着半套房子。

就在汽车行至中途的时候，事故发生了。由于轮胎打滑，不算大的汽车整个翻倒。幸好车上的人都系着安全带，乘客又不多，没有人受重伤。众人爬出车厢，该报警的报警，该打电话的给家人打电话。小霞给外婆打完电话以后，发现那个女孩的手机坏了，于是就把自己的手机递给那个女孩，让她跟家里说一声。那个女孩也没客气，接过小霞的手机就打了个电话，随后两人就找了个地方攀谈起来。女孩告诉小霞，自己是来参加父亲战友儿子的婚礼的，父母都出差，两家关系一直不错，只好她自己过来。小霞也告诉女孩，自己是个律师，平时忙得不行，好不容易才抽出一天到乡下看外婆，结果还遇上这种事情。

女孩听说小霞是律师，眼睛马上一亮，问她能不能代写离婚协议。小霞愣了一下，表示可以。女孩告诉小霞说，自己有个朋友正在离婚，她又不会写离婚协议，正准备找个律师呢。从那以后，小霞就和女孩成了朋友。小霞跑腿的工作越来越多，收入也越来越高。

第二，在坏事的背后，往往有提高的可能。每次遇到坏事、麻烦，都是让你成长的机会。能够成功地解决问题，就说明你的能力得到了提高，并且积累到了解决这种问题的经验。如果失败了，没能成功地解决问题，那也不代表一无所获，至少你发现它是一条错误的道路。下次再遇到类似的情况，你就不会傻傻地按照之前的方式去解决了。吃亏趁早这句话是有道理的，人总是会遇到坏事，一旦失败，总是爬得越高摔得越疼。

第三，遇到坏事的时候，看看你的对手怎么样了。很多时候，天灾人祸并不是针对你一个人的，当你受到坏事的打击时，不妨看看你的对手，也许他同样也受到打击。这个时候，躲起来舔伤口绝对不是好的选择，谁能够先振作起来，谁就抢到了机会。正如两个人在树林里遇到熊，不必跑得比熊快，只要跑得比另一个人快就可以了。你不一定要在天灾人祸中安然无恙，只要你的损失比你的对手小，能更早地振作起来，你就是最后的胜利者。

凡事都有两面性。当坏事发生的时候，我们没有把握完全化解危机时，不妨看看坏事的另一面是什么，如果找到有什么能够帮助我们赢得机会的东西，那再好不过了。反正坏事已经发生，至少不会有其他让事情更糟的东西吧。

潮水退去，才知道谁没穿衣服

机会应该属于怎样的人？应该属于那些有能力、更努力、有想法、会找机会的人。当一个行业热度很高、形势一片大好的时候，各种各样的人都会涌进来。有些人想浑水摸鱼，有些人想成就一番事业，究竟你有没有资格在这个领域中站稳脚跟，只能等到退潮以后才知道。有些人有能力，人们能够看到他在退潮以后还穿着衣服；有些人进步很快，在潮水中就穿上了自己的衣服；有些人比较狡猾，退潮之前就选择了离开；而还有些人，没有抓住时机，只能等到退潮的时候，让所有人知道自己没有穿衣服。

小程在某公司做销售和渠道维护，工作非常轻松。他曾在其他行业做过销售和渠道维护，除了打电话维护渠道是一件比较轻松的工作外，跑客户实在太累了。每天除了要想尽办法和客户搭上关系，东奔西走，晚上还要应酬，拼死拼活就是为了拿下一个订单。碰上那种油盐不进的客户，还要寻找各种方法，就连说话的时候每个用词都要斟酌半天。自从换了行业、换了公司以后，这项工作就变得轻松无比，不需要推销，每天都有客户打进电话表示自己有购买意向，自己只需要出去和客户见个面，聊上几句，就能谈成一笔订单。年底的时候，甚至有些客户会直接在电话里下订单，连价格都不问。

公司算上小程，有九个销售人员，平时清闲的时候，经常要做一些职责范围之外的工作。比如，帮助工人卸货，帮老板接孩子、买菜之类的。小程不喜欢做这些事情，其他人也不喜欢，但没办法，毕竟这份工作实在太好做了。最近，小程不是很高兴，因为他发现有几个同事似乎觉得自己比小程地位高，一有什么麻烦事，就推给小程做。按照他们的说法，小程年纪最小、资历最浅，就该多磨炼下。其实，小程知道，这几位自视甚高的人其实没什么本事，大家做的事情都一样，自己的地位怎么就比他们低一级了。小程从没有想过，自己有一天居然会恨这个工作太简单。如果工作能够难一点儿，就能看出大家的能力了，看到谁才是需要历练的。

万万没有想到，小程希望的事情居然在年底就出现了。日本的几家供应商表示不会再让他们做该地区的唯一代理了，竞争对手突然多了起来，公司的业务不再像以前那样好谈了。小程对这个结果并不喜欢，他想要工作难一点儿只是一时的气话，但事已至此，他也只能接受。小程的工作变得和来到这家公司之前一样辛苦，但凭着他的经验，每月都能拿到不错的业绩，而之前居高临下向他炫耀资历的那几个业务员却表现得不好。头几个月，他们还能嘴硬一下，说自己的客户比小程的难搞。几个月以后，不管他们怎么说，在老板发过几次火以后，也就变得毫无意义了。

每个人都要面临竞争，即便是总统，也需要竞聘上岗。归根究底，竞争就是为了争夺更多的资源。某个行业，某个圈子，在资源过剩的情况下，每个人都能赚得盆满钵满。这个时候出现的机会并不是真正的机会，这种情况也不可能永远保持下去，任何疯狂的泡沫终有破灭的一天。到时候，谁是天才，谁是庸才，人们便可一目了然。当庸才原形毕露的时候，就是他们将自己占有的份额吐出来的时候。多出来的份额，自然就要被天才进行二次分配，这对有能力的人来说，就是一个绝好的机会。

　　那么，第一个机会出现在哪里呢？自然是资源过剩的时候。甚至可以说，这是比退潮时更好的机会。问题是，不是每个想要拿到这个机会的人都能笑到最后，不少人在退潮以后会被人发现是赤裸的。我们可以在资源井喷的时候争夺机会，但不能做那个退潮以后被人围观的赤裸的人。如何做到这一点呢？有两种可选方案。

　　第一，在退潮之前离开。如果只是想要捞第一桶金，完成资本的原始积累，捞完就跑是最佳的选择。用这件事情完成资本原始积累的企业家不在少数，如埃隆·马斯克也是靠着在黄页网站大火的时候出售了网站才有钱做其他的事情的。事实上，如果埃隆·马斯克继续从事这个行业，未必能有今天的成就。他们的创业团队缺少合格的程序员、推销员，代码漏洞百出，市场占有率也不高。如果不是遇见了好机会，他的创业也不会如此顺利。

　　第二，在退潮之前成长起来。从涨潮到退潮，并不是一朝一夕的事情。这之间可能有几个月的时间，也可能有几年的时间。这段时间里，如果足够努力，未必不能赶上其他有实力的人，甚至可以超越其他人。国产手机的情况就是如此。魅族手机抢占了国产智能机的开头，M8可以说是一款尚可的作品，但第一次使用安卓的M9连差强人意都做不到。小米公司的第一款手机表现也不好，1 999元的噱头的确吸引了不少人，但当人们冷静下来，对这款手机的质疑大过赞美。但在智能手机大潮退去之前，小米和魅族完成了成长，不仅击败国内金立、大唐、波导等老牌手机大厂，熬死了摩托罗拉、诺基亚等国外厂商，甚至还击败了HTC、索尼、LG等国际大厂。

　　当一个行业拥有极高热度、很多资源的时候，抱着功利心去抢资源并不是什么丢人的事情，有时候投机也是一种获得机会的方式。但投机并不是长久之计。想要真正获得成功，将机会转化成完全属于自己的东西，那就必须不断成长，或是及时抽身而出。一个圈子不管资源多么过剩，不管发展有多么不理性，总有恢复正常的一天。当这一天到来的时候，如果你还是个投机者，那你之前投机多拿到的东西，只能奉还给那些更加出色的人了。

站直了，不然机会怎能找到你

成功本就没有什么简单模式。当你想要获得成功的时候，那就说明你已经将自己当成一名斗士，当成一位有力的竞争者。

面对失败的时候，不能轻易地说放弃；面对麻烦的时候不能躲避，只有挺直身体，撑过去，等待机会的到来。

如果你不能够承受足够的痛苦，不愿意接受残酷的失败，不能直面麻烦，当你蜷缩在角落、弯腰的时候，机会又如何能找到你呢？

站直了，是一种姿态，是一种自信，是一种拥有超越常人底气的表现。当你在困难面前站直了的时候，在旁人眼中，你已经超越了竞争对手。如果有人想要寻找一个合作伙伴，显然你比其他人更合格。

古人称松、竹、梅为"岁寒三友"，不仅因为它们是生长在白茫茫冰天雪地中为数不多的别样颜色，更是因为松竹长得高且直。

平日里，诗人会歌颂鲜花美景，一旦遇到不顺利的事情，遇到困难时，就转而作一些松竹诗，表达自己像松竹一样，即便困难重重，环境恶劣，却仍然苍翠挺立。

显然，面对困境不轻易弯腰的精神，是人们所佩服的，是人们所喜爱的，反之则是人们不喜的。

那些得不到机会的人，在和别人争夺的时候，本身立场就错了。

小时候，有些孩子特别喜欢扮可怜，一旦他们露出受伤、可怜巴巴的表情，就能从大人手中得到想要的东西。

长大以后，如果将这种经验带入社会，简直是自寻死路。人都有同情心，但不代表要损害自己的利益来补贴别人。

有些人为了得到机会，缠住对方不停地诉苦哭穷，好像如果不给自己这次机会，就没有活路了一样。当你是个孩子的时候，人们可能会同情你，满足你的愿望；而当你长大以后，只有父母会无条件地满足你的愿望，对于其他人来说，不管你多可怜，都和他们没有关系。

如果你是个投资人，有两个寻求投资的人来到你的面前，一个充满自信、热情，向你描述了他的计划和这个计划的前景；而另一个则不停地说自己创业多么辛苦，如果没有注资，自己多年的辛苦就白费了。

你会投资给谁呢？答案显而易见，必然会投给第一个人。你的卑躬屈膝、扮可怜，只能让人觉得你是个没有实力又软弱的人。对方如果真的好心，不仅不会给你投资，还会告诉你赶快停止创业止损，因为你的性格根本不适合创业，获得任何让你继续走下去的机会，都是饮鸩止渴。

面对困难，遭遇失败，这是成功路上必然会出现的东西。你痛苦、悲伤、难过，这是正常的。

但是如果你摆出一副不堪忍受的模样、弱者的姿态，是在给谁看呢？机会不会可怜你，手里有机会的人同样不会。只有挺直腰板，做出坚强的姿态，胸有成竹，机会才愿意到你的手里。

　　只有这样的人，才能够真正地把握住机会，让机会变得更有价值。

第六章 机会是拼出来的，更是种出来的

DILIUZHANG

万事俱备，只欠东风，如果东风不肯行方便，我们要怎么办呢？坐以待毙，束手就擒，显然不是我们的风格。如果机会不大，我们就要用尽全力去拼。如果一点机会都没有，我们就要自己创造。有些时候，创造机会只需要一句话，而有些时候，机会则像一颗小树一样，在我们种下以后，才开始慢慢生长。

没有机会的时候，你可以创造机会

没有条件就创造条件，没有机会就创造机会，这句话并不新鲜，但却是至理名言。当时中国石油行业并不发达，高精尖的技术都掌握在外国人的手中，机械设备也非常落后。但石油与国家的发展息息相关。所以，大庆油田的劳动模范王进喜喊出这句话："有机会要上，没有机会，创造机会也要上。"就这样，大庆人克服重重难关，用土办法解决了很多技术难题，最终获得成功。大庆人的精神值得我们学习，但更值得我们学习的是这种思路。当我们没有机会的时候，不能坐以待毙、静观其变，不能将我们的未来交给虚无缥缈的命运。想要成功，就要把自己的命运牢牢掌控在手里。即便没有机会，我们也要创造机会。

"双十一"是什么日子？人们很快就能给出答案，那是天猫购物狂欢节。那天，不管男女老少，都会打开自己的购物车，看着心仪已久的商品有多少折扣。如果折扣合适，果断剁手。但是"双十一"是怎么来的呢？为什么网络上流传的光棍节莫名其妙就变成了天猫的购物狂欢节了呢？这就是阿里巴巴创造机会的能力体现。

2009年，阿里巴巴旗下的淘宝网已经发展得颇具规模，但它的野蛮生长却不是阿里巴巴所希望的。当时淘宝网假货横行，山寨当道，充斥着廉价商品。这不仅影响淘宝网的发展，更有损企业形象。为了解决这个问题，阿里巴巴内部提出淘宝商城的想法。如果说淘宝网是地摊一条街，淘宝商城就是SOHO大楼，商品以真、精为特点，满足另一部分顾客的需求。实际上，2008年，淘宝商城就已经出现了，但相比淘宝网来说，缺少竞争力。很多淘宝网的用户甚至分不清淘宝商城和淘宝网有什么区别，它们到底是干什么的。为了打响淘宝商城的名号，阿里巴巴的管理者开始思考，如何举办一场影响力巨大、让全民狂欢的大促销？

促销这件事情，选好日子非常重要。美国最盛大的促销，莫过于黑色星期五了。感恩节刚刚过去，圣诞节即将到来，所有人都需要准备几份圣诞礼物送给自己和别人。黑色星期五前后，各种促销手段层出不穷，折扣力度也是一年内最大的。淘宝商城能否效仿美国，来一次黑色星期五呢？经过集思广益，这个想法没有被通过。美国之所以有黑色星期五，是因为他们的圣诞节和新年是挨着的，一次性就能购买完各种商品。而我们的新年则和黑色星期五的日期相去甚远，农历新年还会有一次购物。如果两次促销活动离得太近，效果可能会变差。最后，大家将目光锁定在11月，距离农历新年有一定的距离。阿里巴巴是一家互联网企业，11月除了网络上大家戏谑的光棍节外，没有其他的节日，索性就将淘宝商城的狂欢节定在了"11月11日"这一天。

不管从哪个角度看，这个"双十一"狂欢节都是阿里巴巴造出来的，并获得了巨大成功。在没有机会的情况下，硬是创造出一个机会，并且将这个机会的影响力一直延续下去，这就是我们需要效仿的创造机会的典范。

想要创造机会，这比寻找机会更加谨慎。就拿促销来做例子，如果选在圣诞节那天促销，没有人会觉得奇怪。如果你圣诞节不搞促销，那才是奇怪的事情。但选在一个网络上流传的节日，那就必须做好，一旦出错，效果不但达不到预期，反而会被扣上一顶哗众取宠的帽子，甚至很多客户会觉得目的性太强，产生反感。人们都对目的性很强的人有戒备心理，你不情愿，他又非常想要拿走，在某种程度上，双方其实是对立的关系。也就是说，"双十一"狂欢，如果做不好，很容易给人留下淘宝商城是一个骗钱的存在。

我们在创造机会的时候，务必要注意目的性不能太强。一旦暴露出自己过强的目的性，不仅难以获得好处，甚至会产生截然相反的结果。日本游戏大厂世嘉公司就曾因创造机会时目的性太强，最终满盘皆输。

如果你问哪家游戏公司是最好的，可能有人说是暴雪，有人说是索尼，还有人说是腾讯，但有人一定会告诉你，任天堂才是游戏世界的主宰。实际上，任天堂正式崛起的时间并不长，它是从20世纪80年代开始的。而且，任天堂有个强大的对手如影随形，那就是世嘉。两家公司各有优点，彼此争斗了很长时间，也没有分出胜负。其实，世嘉本该占有更大的优势，因为任天堂的FC是8bit的机型，而世嘉的MD已经是16bit的机型了。不管从哪方面来看，世嘉都占据着领先地位，但最终却和任天堂打了平手。

随后，任天堂发布了自己的16bit游戏机——超级任天堂。这款机型的画面、音效和游戏内容，都超过同样是16bit的世嘉MD。面对这种情况，世嘉不得不将机型推向下一个世代。在这方面，世嘉做了大量的尝试，最后决定推出一款外置设备来延长MD的寿命，以便有时间推出下一代主机，这款外置设备就是世嘉32X。

世嘉打算用32X创造一个机会，因为当时市面上虽然有一些

32bit的机型，但由于缺少足够的软件支持，硬件技术也不够好，所以并没有得到市场认可。世嘉认为，32X能够填补市场空白，借此机会继续压制任天堂，甚至还可以带动MD的销量。世嘉显然打错了算盘，如果单独售卖32bit机型，消费者出于对世嘉的信任，可能还会买账。但是，作为一款和主机价格相近的外设，必须连在另一款主机上才能运行，这就意味着消费者如果想玩32X上的游戏，就必须花双倍的价钱购买主机。

　　眼看消费者不买账，世嘉又推出一款外设——世嘉CD。虽然已经有公司推出了以CD为载体的游戏主机，但就如同32bit的情况一样，市场是空白的。当世嘉信心满满地将世嘉CD推向市场的时候，消费者彻底傻眼了。想要玩世嘉32X，就必须购买世嘉32X和世嘉MD。想要玩世嘉CD，同样要购买MD。甚至有些游戏是32X和CD一起运行的，也就是说，玩一款游戏需要买三台主机。消费者之所以傻眼，是被世嘉贪婪的吃相震惊了。是什么样的自信让世嘉觉得，自己创造了独一无二的机会，可以让想玩一款游戏的玩家买三台主机呢？结果可想而知，世嘉32X和世嘉CD遭到消费者的唾弃，从此世嘉元气大伤。在下一世代，与索尼PlayStation、任天堂N64以及微软xbox竞争的过程中，它受到致命一击，从此退出主机厂商的行列。

　　如今，人们经常拿韭菜自比，各种商家都来割一下，反正以后还会长出来。自嘲归自嘲，有谁是真的傻子吗？显然没有。我们是要创造机会，但不能建立在不合理的情况下。一旦你的目的轻易被人看穿，你所创造的机会就不是机会，而是个笑话。

　　没有机会我们可以创造机会，但不能盲目行事，还是要有条理地进行。例如，阿里巴巴在创造机会的时候，没有强行地将某一天直接指定为淘宝商城的狂欢日，而是选择了光棍节。虽然知道的人不多，但仍然师出有名。当时，在淘宝网上消费的主要群体就是年轻人，而光棍节正是在这个群体中广为流传的。当全民都开始上网、网络购物时，在意淘宝狂欢节的人，已经比在意光棍节的人更多了。

创造机会，并不是让走投无路者孤注一掷，它不是一件容易的事情，需要大量的资源、周密的计划和长期的准备。那些情况不错但想要更进一步的人，才最需要为自己创造机会。所以，创造机会之前，一定要深思熟虑，彻底了解自己到底适不适合创造机会，免得搬起石头砸了自己的脚，白白丢失这一大好形势。

平时有所准备，才能一把抓住机会

话题又回到准备这件事情上，机会总是留给有准备的人的，这已经是老生常谈。每个想要得到机会的人都听过这句话，并且用自己的方法做了各种准备，但最后机会到来的时候，选择的却不是他。这是为什么呢？究竟问题出在哪里？当然，不是有准备的比不上没准备的，而是准备没有做好，或者没有抓住准备的精髓。

世欣是一家广告公司的设计师，工作时间也不短了，但他感觉自己距离想要的生活还差得很远。不管是升职还是加薪，一时半会儿都没有好的契机，如果只是默默地熬工龄，加薪实在太慢。跳槽是个不错的选择，但是他的履历又缺少闪光点，能够用什么为自己加一点砝码呢？找来找去，总算找到一个为自己履历增加闪光点的途径，那就是参赛。每年美术设计类的奖项层出不穷，规模也各不相同。全国、国际类的大奖他不敢想，如果能拿一个省级比赛的奖项，自己跳槽时也会顺利很多。他在网络上搜索了一下，还真的被他找到了，今年省内就有一个艺术设计大赛，投稿截止日期是6月15日。

距离截稿日期还有很长的时间，足够让世欣做好准备。虽然他已经多年没有专门为了艺术而做设计，但他相信自己的功底仍在。几个月的时间，不说拿个金奖，好歹也能拿个银奖。于是，每天工作结束以后，他就在不断琢磨自己到底做哪方面的设计，内容要怎么选择。最后，他将目光盯在视觉传播这一项上。绘画一直是自己的拿手好戏，上学时他还兼职为一些小说画插画赚外快，将插画设计当成自己的目标，是最合适不过的了。

光凭自己的绘画能力，世欣还是有些不放心。既然是比赛，那就会有评委，如果能知道评委喜欢什么，机会不就更大一些？于是，世欣打开大学时期的同学群，群里有几个同学就在评审单位工作，如果能知道评委是谁，喜欢什么风格的作品，那就再好不过了。世欣没想到自己的询问居然在群里引发了小范围的讨论，虽然评委的名字是保密的，但是资历较深、有资格担当评委的人范围也不大，很快就有人给了世欣一个范围。其他的同学也对这件事情颇有兴趣，有的人觉得都工作了好多年，世欣还能有心参加比赛，真有上进心。还有一位世欣不是很熟的同学，私聊问他参赛的方式，表示也想参赛。世欣想也没想就把发布比赛信息的网站发给那位同学，毕竟这又不是什么保密的事情，竞争对手那么多，也不差这一个。

接下来，世欣马不停蹄地做着各种准备，从评委的喜好到自己参赛作品的雕琢，他没有丝毫放松。为了增加获胜的概率，他还在比赛允许的范围内提交了三份作品，甚至还考虑过，自己能不能想个办法报名的时候报在学生组而不是设计师组，但是转念一想，拿到学生奖的证书对自己的用处并不大，这才放弃。在他眼里，这场比赛的银奖对他来说已经是十拿九稳了，因为他实在是做了太多的准备，如今只等着评审结束，赢得比赛奖项，让自己能够顺利跳槽，有个好机会。

三个月的评审时间很快就过去了。等到发布获奖名单的那天，世欣早早就打开了发布结果的网站，反复刷新。等到那条链接出现，他马上就点了进去，搜索着自己的名字。结果令他大失所望，他只拿到一个入围奖。这是比赛中的最低奖项，只要参赛了，基本上都能够获得入围奖。虽然也会有荣誉证书，但写在履历上恐怕会被人笑死。每年全国都有各种各样的设计比赛，获得入围奖的人不计其数，业内人士都明白，这个入围奖一文不值。世欣沉浸在失落中，良久以后，他鬼使神差地搜索了那个问他如何参赛的同学的名字，赫然发现对方就在视觉传播金奖的行列。

毫无疑问，如果这位同学和自己一样只获得了入围奖，哪怕是优秀奖，世欣也会觉得好受很多，但偏偏对方获得了金奖，这让世欣心中越发得苦涩。犹豫良久，他还是拿出手机，给那位同学发了一条恭喜的信息。同学的心情似乎不错，马上就回复了世欣一些感谢和安慰的话，显然对方也发现世欣的名字出现在了入围奖。毕竟是老同学，即便以前没有很熟，聊了几句，双方也就热络起来。

聊了一会，世欣终于问出他一直想问但没开口的问题："这场比赛，你到底是怎么准备的？怎么一下子就拿了金奖？"对方挺不好意思地回答世欣，他原本也想要画插画的，但想到投插画的人可能会很多，于是就选择了投招贴广告。他不好意思的原因是他并不在广告行业工作，这让他觉得自己有些投机取巧了。世欣不甘心地继续追问，当年这位同学的绘画技巧并不非常出色，这么多年是如何保持水准的。同学好奇地问世欣："为什么要保持？每天都画，不是应该越来越好吗？"世欣讪讪地放下手机，脑子里一片空白。

成功者的成功并不是毫无道理的，而所谓的准备，也不是临时为了迎合机会而做的一些改变。你可能为了一个机会准备几个月，想尽所有办法，而其他人可能为了这次机会已经准备了几年。如同世欣一样，他为了比赛，在几个月里准备了很多东西，力求能让自己拿到奖项，但相比从来没有停止过绘画的同学，他这几个月的准备又算得了什么呢?

成功是留给有准备的人的，但这种准备可能与你想的并不一样。临阵磨枪的确能够让你在面对机会的时候不至于手忙脚乱，但却不能为你在抓住机会这件事情上起到决定性的作用。想要为抓住机会做好准备，就必须趁早开始。张忠谋创建台积电的时候已经50多岁了，是真正的大器晚成。所有人都说他抓住了机会，在台湾半导体行业即将快速发展的时候创立了台积电。但张忠谋能够抓住这次机会，可不是一两年的准备。他是哈佛大学的学生，是麻省理工学院机械工程的硕士，是斯坦福大学电机系的博士，是德州仪器的第一位华人员工，曾担任德州仪器集成电路部门的总经理。这一切都是张忠谋的积累，是他成立台积电能够成功的准备。那些将他的成功归咎于一次机会的人，并没有看到他从18岁开始做准备，准备了30多年。

成功是留给有准备的人的，但并不是留给那些知道有机会才开始准备的人。那些能够获得机会的人，早就从机会还没有苗头的时候就开始准备了。这种准备来源于对成功的渴望，来源于对自己的热爱，来源于不肯放弃的精神，来源于夜以继日的顽强毅力。那些临阵磨枪、想要投机的人，永远无法战胜这种准备，因为机会就是专门为了他们而出现，甚至是为了他们量身定做的。

去拼，去抢，去创造

在现实生活中，很多人习惯于把自己的平庸或失败归咎于社会的不公和个人运气的不佳。当然，命运本来就是不公平的，每个人的运气的确有好坏之分。比如，有的人从一出生就拥有别人几辈子都奋斗不来的财富，而有的人却一无所有，甚至负债累累。再比如，有的人随手买张彩票，可能就中了几百万，而有的人奋斗多年却可能在无法控制的天灾人祸里毁于一旦。即便如此，这也绝对不是一个人成功或失败的全部原因，毕竟这个世界上同样不缺乏白手起家的成功人士，也没少过从巅峰跌入尘埃变得一贫如洗的富N代。可见，你的平庸和失败并不完全是由环境的际遇或个人的运气所决定的。

那么，造就人们不同际遇的关键因素，究竟是什么呢？

有人曾经提出这样一种假说：一个系统里，有成功人士，也有平庸者，如果我们把这个系统里的所有财富和资源平均分给每个人，数年之后，会发生什么事呢？系统中的这种"均衡"能一直持续吗？答案是否定的。很多人都玩过"大富翁"，这个游戏刚一开始时，玩家手中的财富是"均衡"的，然而，一旦启动游戏，玩家开始自由"生活"时，这种财富的均衡就会被迅速打破。

有的人可能会用手中分到的财富享受生活，购置各种能让自己更舒适的商品；有的人则可能迅速利用手中的财富创收，琢磨着怎样干一番大事业；还有的人或许会考虑把所有的财富都放到银行里，然后省吃俭用地继续过简朴的生活……这样发展下，数年之后你会发现，一切其实都回到最初的状态：成功人士再次成为成功人士，平庸者依旧是平庸者。

当然，这毕竟是假说，我们不可能真的在现实生活中模拟出这样一个"实验"。但在生活中，很多实实在在发生过的案例却也表明，这个假说并非毫无根据。成功似乎具有某种惯性，总是会光顾特定的人群：昔日"烟王"褚时健，哪怕坠入尘埃，也能在天命之年再创一个"褚橙"的辉煌。无数新闻报道中运气爆棚、买张彩票就中了巨额奖金的平庸者，即便突然拥有这么多的资本，也鲜少听闻创造出什么惊人的事业。

说到底，我们之所以不成功，与资本、运气毫无关系，真正缺少的是努力向着成功奋进的野心，是拼命抓住机会的决心，是敢于突破、敢于创造的勇气，是属于成功者的成功思维！

你想成功，就得逼自己踏上成功之路，去拼搏、奋斗，争取自己想要的辉煌和荣誉。机会永远不是等来的，人生也从来不存在所谓的"万事俱备"，没有任何借口可以阻挡一个能够成功的人奋斗。你无法成功，仅仅只是因为你不具备这样的勇气和能力，和其他的都毫无关系。

可能不少人不赞同这种说法，可能会说：生活充满很多的无奈，有的事情并不是你想做就真的能去做的，总会有许多无法解决的问题横亘在前方，让我们没有机会。所以，我们只能耐心等待，等条件成熟之后，再去追逐成功！

真的是这样吗？如果你所谓的"条件"永远没有成熟，是不是你就永远只能站在原地等待，直到生命的尽头，然后再将自己一生的平庸或失败归咎到命运？实在太可笑了！看看那些从一无所有开始奋斗的成功人士，看看他们建立自己事业的第一步，谁拥有的"条件"是成熟的？谁是"万事俱备"之后才开始追逐成功的？

美国造船大王路维格当初就是个一无所有的穷小子，创业之初，他的所有财产加起来都买不起一艘普通货船。如果当时他想的是得先赚钱，攒够了钱，买得起货船再去创业，可能这辈子他都只能奔忙在"攒钱"的道路上，然后穷尽一生，再幽幽地叹息一声：都是命运不眷顾我，所以我只能一辈子平庸！

显然，路维格不是一个喜欢等待的人。在他有了干一番事业的想法之后，他迅速转动脑筋，想着要如何解决自己眼前的问题，然后迅速踏出第一步。

他先是拜访了纽约的数家银行，说他拥有一艘油轮，并把这艘油轮租赁给了当地一家很大的石油公司，只要银行肯批准他的贷款，他就把租赁的契约交给银行作为抵押。这样一来，石油公司每个月应当交的租金就会直接转给银行，以此来偿还贷款。

用这种方式申请贷款，是从未有过的，但仔细分析，其实也具有一定的可行性。毕竟，虽然路维格本人没有什么信用点，但他所说的那家石油公司却是个大企业，也不怕他们会赖账。所以，在跑遍纽约的银行之后，终于有一家批准了路维格的贷款。

路维格对银行的承诺其实也不算子虚乌有，因为在四处为贷款的事情奔忙之际，他其实已经看好了一艘船，付了一小笔定金，并同时和那家石油公司洽谈着关于油轮租赁的事情……就是用这种"空手套白狼"的大胆方式，路维格居然真的拥有了他人生的第一艘船。之后，他又继续轻车熟路地按照这样的方式借来另一笔贷款，买下另一艘船……

正是靠着这种叹为观止的方法，路维格最终缔造起自己的船业帝国。如果只会等待，穷小子路维格恐怕拼搏一辈子，依旧只能是个穷小子。可见，阻挡一个人成功的，不是资金的缺乏，也不是运气的好坏，而是小心翼翼地"等待"。

等待永远不会让你"万事俱备"，你缺少什么，不去争抢，永远就只能缺少。等待是成功的大敌，是对生命的浪费，是平庸者和失败者为自己寻找的借口。请记住，机会从来不是等来的，你得自己寻找、创造。

向上营销，你就有机会受器重

向上营销，这是商家的一种策略，针对那些已经在自己这里买过商品的老客户，不断地推销新产品，让新的产品销售变得更加容易。这种营销方式同样可以运用到生活里，特别适合用来营销自己。当你能够成功地把自己向上营销的时候，你的机会就来了。

老杨现在是一家物流公司的地区负责人，他能够获得今天的地位，完全是一步步向上营销得来的。他向上营销的精髓，就是勇于尝试，勇敢挑战。在刚刚进公司的时候，他还只是个底层业务员，表现平平，几个月来，领导连他叫什么都没记住。后来，公司的一个老客户突然说以后不再跟公司合作了，并且拒绝和公司的人联系。就在领导一筹莫展的时候，老杨找到领导说："让我去找那个客户试试吧，说不定我能劝他回心转意呢……"领导这个时候已经没有什么办法了，就答应了老杨，死马当活马医。

老杨见到客户的时候，客户还挺客气，一听说老杨是物流公司的，马上就沉下脸来说送客。老杨厚着脸皮不走，对客户说："先生，如果您不想和我们合作，那一定是我们的工作出了问题。就算以后不能再合作，也请您再帮我们一次，让我们知道错在哪里，我们好改进。"客户叹了口气，老杨当面这么客气，他也实在不好意思再说什么，于是就将之前发生的事情告诉了老杨。原来，这位老客户一直使用老杨公司的物流服务，结果上次丢失了一部分货物，他找到负责他货物的工作人员，对方虽然赔钱给了客户，但态度却很差，并且暗示客户，下次想要不丢货，就得给工作人员点贿赂。老杨这才明白客户为什么那么生气，丢失货物虽然得到了赔偿，但这本身就影响了生意，加上对方的态度，不生气才怪。

老杨马上向客户保证，如果客户愿意继续使用他们公司的物流服务，老杨愿意全程帮客户盯着，绝对不会让货物丢失，也不会向客户索要贿赂。客户看了一下老杨的工牌，觉得老杨是在开玩笑，说："你只是个业务员，怎么帮我盯着呢？如果是找客服跟踪物流信息，我自己也能。"老杨拍着胸脯保证，"为了您这事，我宁可得罪司机，您只要答应，我天天帮你打电话问司机运输的具体情况"。客户想了想，就答应了老杨。

老杨回去以后马上找到领导，对领导说清事情的原委，并且说："我好说歹说客户才答应继续用我们的物流，但他有个条件，就是要求我帮忙盯着他的货。"这个要求让领导发了愁，这原本应该是业务经理的职务，老杨不过是个业务员，这么做不合规矩。但如果不让老杨帮忙盯着，可能就会丢失一个大客户。想了一会，他还是决定先把客户稳住比较重要，于是对老杨说："那你就先帮忙盯着点吧，别让你们经理知道。"老杨心知肚明，让经理知道自己肯定也没好果子吃。

从那天开始，老杨每隔一天就给运货的司机打一次电话，确认一下有没有丢失，有没有出现破损之类的情况，然后再把情况转告给客户。一来二去，他倒是和客户交上了朋友。客户的朋友大多也是生意人，慢慢也都成了老杨的客户。老杨的客户越来越多，没多久就顶走了原来的业务经理。又过了几年，领导因为业绩出色，被调回总公司做管理，老杨就顺理成章地成为地区的最高负责人。

职场中，想要得到更多，就要不断地向上营销自己。这可能需要你承担大量不属于自己的工作，担负很多不属于自己的责任，一定要做那些比自己地位更高的人才能做的工作，并且还要做好，这样才能获得器重。不在其位、不谋其政的时代，已经过去。如今，以当一天和尚撞一天钟的心态工作，注定不会受器重。

某位著名的企业家曾在私底下说过他对人才的看法，很多人表示自己缺少机会，怀才不遇，但这关领导什么事？手底下那么多员工，总不可能一个个地去发掘究竟谁有怎样的才能、天赋。只有你将自己的才能表现出来，领导才会知道你是个人才。你想要升职，必须要先让领导知道你能够胜任更高的职位。你想要高薪，必须先表现出你配得上更高薪水的能力。如果你只是将手上的工作干好了，凭什么加薪呢？你干得好，说明你对得起这份薪水；干不好，就得让你走人。拿多少钱干多少事，是你的本分。你干的事比你拿的钱多，这才说明你有价值。那些做事情超出工作本身价值的人，公司会在第一时间想办法笼络，怀才不遇怪不得别人，都是自找的。

向上营销，还有很多要注意的地方。这是一种营销方式，和等待机会到来并不一样。当你向上营销的时候，你得到了好处，势必就会抢走别人的好处。所以，你在向上营销的时候，你的敌人就在你的身边，有时候是你的同事、你的顶头上司。想要顺利营销，将这变成晋升机会，就必须小心他们。不要被他们看出你的想法和目的，否则他们就是你向上营销的第一重阻碍。

向上营销还要特别注意自己的能力，有努力上进的心是好的，但也要量力而为。向上营销往往意味着走一条距离成功较近的独木桥，如果能顺利通过，机会就在你的眼前。如果没能顺利通过，这条桥就算断了，在领导心中难免会留下难当大任和自不量力的印象。下次再想向上营销，领导会马上拒绝你，并且提醒你上次究竟发生了什么。如同汽车商家给老客户发新车的信息，老客户买了以后发现这车到处是毛病，下次再看见信息时只会嗤之以鼻，不会再相信你。因此，向上营销意味着你在用今后的机会做今天的赌注，一旦失败，以后再想得到机会就难了。

回头看看，可能机会的种子早就种下了

听说过找机会、抢机会，很少有人说种机会。机会能种吗？当然能。机会的种子和其他的种子一样，最开始的时候可能不太起眼，但等它长大的时候，就会变成一棵参天大树。如果你之前种过种子，将来再找机会，就变得容易多了。其实，我们每个人在人生的道路上都曾种下机会的种子，只是你自己没有发现而已。所以，当你遇到难题，需要机会成功的时候，不妨回头看看，也许你种下的种子已经长大。

在小张的身上，曾经发生过这样一个故事。这个故事的离奇程度，在旁人看来恐怕只会出现在影视作品中。但是，小张却亲身经历了这一切，体验到一颗机会的种子是如何长大的。小张是一名化肥销售，他并不喜欢这份工作，不仅因为这份工作非常辛苦，更是因为这份工作让他的生活完全走入另一条轨道。他从小就是在城市里长大的，乡村的一切对他来说都那样陌生。自从他做了化肥的销售员后，几乎每天都要往乡下跑，有应付不完的琐事。最开始的新鲜感很快就过去了，这份工作要做到什么时候，他看不到尽头。

在为数不多的休息日里，小张喜欢出去散步，看看他从小生活到大的城市，以缓解经常下乡带来的烦躁。那一天，他刚刚出门就碰见一个穿着红色棉衣、黑瘦黑瘦的女孩。小张看见她的时候，女孩正蜷缩在小区的角落里，小声地啜泣着。小张是个热心肠的人，他马上走过去，询问那个女孩遇到了什么事情，是否需要报警。女孩马上站起身来说不用，她只是遇到了困难，并不是遇到什么危险。小张礼貌地询问了一下女孩到底遇到了什么事，压抑了很久的女孩，马上滔滔不绝地向小张讲述了她的困难。

原来，这个女孩是外语系的在校大学生，家里非常贫困。这一年，她连学费都交不起了，后来申请到助学贷款，才勉强能上学。寒假到了，她听朋友说这边能给她介绍一个做家教的机会，一个月能赚5 000多元。女孩早有做家教的打算，但以她的性格和阅历，想要找到一个月5 000元的家教工作实在是太难了。于是，她就坐上火车，从邻市来到这里投奔朋友。没想到，女孩到了以后，朋友却说这5 000元不包吃住，即便是女孩想要省吃俭用，口袋里的钱也不足以让她租下一个月的房子，吃上一个月的饭。兜里的钱还够买回去的车票，但如果朋友不借给她钱吃饭的话，她回去也是要饿肚子的。当朋友得知女孩不仅要回去，还要跟她借钱的时候，脸色自然很难看，两人吵了起来，女孩一气之下就跑到这个小区里来了。

小张听了女孩的遭遇，一阵阵头疼，这叫什么事儿，偏偏又让自己碰见了。于是，小张从口袋里掏出两百元钱递给女孩，告诉女孩赶紧回学校吧，以后打工就在学校在的地方。女孩推辞了好一阵，才收下小张的钱，并且和小张交换了电话号码，表示以后一定会把钱还给他的。直到交换了电话号码，小张才知道女孩原来姓陆。

一个月以后，小张早就将这件事情抛在脑后，但女孩没有忘记。她真的转了两百元钱给小张，并且在电话里再次对小张表示感谢。虽然两百元钱不多，但没有这笔钱，女孩肯定要饿上几天。更重要的是，小张在她最委屈、最难过的时候向她伸出援手。从那以后，女孩偶尔会给小张发短信，逢年过节的时候，问候从来不少。两人的联系虽然不是很密切，但也始终没有断掉。

过了三年，小张已经结婚了。为了家庭，他待在乡下的时间越来越长。不仅他讨厌这份工作，她的妻子也不喜欢，毕竟因为这份工作，两人聚少离多。小张一直想换一份工作，但又舍不得这份工作带来的丰厚报酬。贸然更换工作，只会降低整个家庭的生活水平，更何况，结婚以后，他想要个孩子了。

三年时间，女孩已经从大学毕业了。就在女孩拿到毕业证书的那天，突然给小张打来电话，并且向他提出一个建议：由小张出钱来开一家补习班，女孩愿意为小张打工。如果补习班的收入够高，小张就可以不去乡下卖化肥了。这个建议让小张颇为惊讶，他不禁想起当年看见女孩的样子。那个黑瘦的女孩，当个家教恐怕还算合格，能够胜任管理一个班级的重任吗？当女孩听到小张的疑问时，一本正经地告诉他，自己在这三年里一直做家教，如今管理小孩格外得心应手。小张抱着半信半疑的心思，答应了女孩，没想到，这个决定让他的人生彻底发生改变。

他租下一栋空房子做教室，又稍微改动了一下室内装饰，印了一些传单，买了一些桌椅，全部加起来不到三万元，这就是他的全部投资。看着女孩兴致勃勃要做大事的样子，他不禁在心里打鼓，这能行吗？不过，转念一想，亏也亏不到哪去，不行的话，桌椅可以转卖，房子更是可以转租，人力是免费的，真正消耗掉的成本，只有廉价的传单而已。

补习班正式开办了，小张却没有辞掉卖化肥的工作。虽然他是补习班名义上的老板，但完全是个甩手掌柜。从招生到上课，完全是女孩自己一个人一手操办。有家长问起女孩的身份时，女孩只说自己是补习班在这个校区的校长。短短几个月，补习班就红火了起来，只有女孩一个会教英语的老师已经不够了。很多学生的家长希望晚上能够辅导作业，不只是像之前一样补习。还有一些学生家长表示，最好能让学生在补习班直接把晚饭都解决了。于是，女孩又招进几个老师和一个厨师。

这一切小张都知道，但他已经从最开始的震惊变成麻木，因为女孩做了这么多，每个月都将补习班赚到的钱拿给小张的妻子，由小张的妻子为她发薪水，这种情况一直到补习班开了所谓的"分校"以后才改变，女孩那个时候才愿意拿课时费之外的分成。小张最后也没有放弃卖化肥的工作，只不过身份从销售变成代理，不用去乡下了，他手下的销售人员会替他去。

我见到小张和女孩在一起的时候，女孩总是会叫小张老板。私下，我好奇地问她，你们这么多年的交情，应该很熟了，怎么还叫老板呢？女孩告诉我说，她很怕小张，一见到他，就有种肃然起敬的感觉，丝毫不敢放肆，连玩笑都不敢开。我没有说话，但明白这不是什么害怕，而是尊敬。

小张就是这样通过一次小小的帮助，种下一颗机会的种子。种子长大以后，带给了他一段奇妙的经历。收获自然是丰富的，丰富到令人羡慕，但在收获之前，谁也不会想到事情会这样发展。

你没有种下过机会的种子呢？我相信一定有的。每个人在人生中都会结下一些善缘，会做一些好事，进行一些尝试。即便这些在后来已经被完全改变，和现在的人生没有什么交集，但不代表它不是一颗种子。可能你已经不记得这些东西了，但不代表他们不记得你。不管是你过去交好的人，过去帮助过的人，过去半途而废的想法、创意，有想法但没有实现的产品，这些都可能是一颗种子。虽然这些种子未必都会发芽，但总会有的，甚至一些会长大到你意想不到的程度。

　　人会发现自己的才能，改变自己的想法，找到自己的方向，所以你帮助过的人会变得更好，你过去不可能实现的想法如今可能已经实现了，你做了一半觉得没有前途的东西如今可能已经有了用武之地……人生有太多的可能性、太多的机会，我们要往前看，因为更好的东西在前面，只有向前看才能向前走。但同样也要学会向后看，机会未必一定在前面，虽然你遇见机会的时候它还只是一颗种子，但当你回头的时候，它也许已经长大了。

第七章

| 当机会来临，
会说话的人往往能笑到最后

机会来临的时候，每个人都想要获得它、留住它，但机会有它的规则，你能确定你的机会需要哪种方式被抓住吗？会说话是这些方式中的一种，会说话的人总是比不会说话的人更能抓住机会。当机会来临的时候，就是会说话的人大显身手的时候。

完美的自我展现，从能说会道开始

我们认识一个人往往是从沟通开始的，而沟通最主要的方式，就是语言上的交流。所以，在很多时候，想要在别人面前做一个完美的自我展示，就得从能说会道开始。会说话，绝对可以为我们加分。

20世纪最伟大的成功学家和口才大师戴尔·卡耐基说过："一个人事业上的成功，只有15%是靠他的专业技术，另外的85%则要依赖他与别人沟通的能力。"这并不是夸大其词。要知道，现代社会，竞争日趋激烈，人们的生活、工作节奏都在日益加快，我们没有多少时间"日久见人心"，尤其是在工作和事业方面。面对人才济济的市场，我们自然选择人群中最突出、最闪耀的那个。毕竟如果遍地都能看到宝石，谁还会费尽时间和心思自己挖矿呢？除非你有胜过所有优秀者的自信，或有别人非你不可的把握，否则，请相信，你的口才将成为决定你在工作和事业上的际遇的关键。

某公司的人力资源部主管在参加过无数次现场招聘会之后，最深的感触就是是否善于推销自己，往往决定一名求职者应聘的成败。

参加过招聘会的人都知道，在求职的时候，并不是你的个人能力足够强就一定能顺利找到心仪的工作，你还得能说会道，会推销自己，让面试官留下一个好印象。毕竟一次面试也就十几分钟，甚至是几分钟，在这短短的时间里，你唯一能用来展示个人能力的渠道就是说话，你得用语言展示自己，征服别人。

有位人力资源部的主管，讲述了一次让他印象非常深刻的面试经历：

那是在一个大型招聘会上，他们公司打算招聘一些有经验的资深人士。当时，一个看上去很年轻的小伙子主动走过来，询问说："请问你们公司是否需要一名优秀的技术员？"

说这话的时候，小伙子脸上的表情充满自信。很显然，他口中的"优秀的技术员"说的就是他自己。可惜，这位小伙子实在太年轻了，是一名应届大学毕业生，显然不符合公司的招聘需求。因此，工作人员很干脆地回答说："不需要。"

被拒绝之后，小伙子的表情也不见失望，而是继续笑着问道："那么，你们需要一名好工人吗？"

工作人员有些惊讶，看来这小伙子还不死心，于是依然坚决地回答："并不需要。"

"那么，门卫呢？"小伙子仍然没有放弃。

"不需要。"工作人员已经有些不耐烦了。

"那么——"小伙子淡定地微笑着，从公文包里拿出一个硬纸板做的牌子，"你们一定需要这个吧！"

工作人员抬起头一看，那块牌子上写了四个加粗的大字——"暂不招人"。

后来，看了全程的主管录取了这位小伙子，并让他加入公司的销售部门。他表示自己非常欣赏这个小伙子的口才、自信和创造力。

这位小伙子进入公司之后的表现如何，这位主管并未提及，但不管怎么说，至少在为自己争取面试机会的短短几分钟里，他确实靠着自己的能说会道给招聘者留下了深刻的印象，并成功为自己争取到一个机会。第一仗，他大获全胜，而他所仰仗的，不是自己拥有多高的学历，也不是拿到多少证书，而是他的能言善辩和幽默机智。

有人可能会说：只是嘴上功夫厉害，有什么用呢？你忽悠得了一时，也忽悠不了一世，只有强大的实力，才是成功的保证！

确实，只会说说而已的人，不可能走得长远。但那些不会说、不会展示自己的人，有时可能连一个机会都争取不到。空有一身才能，却没有可以发挥的舞台，有什么用呢？

是金子，总有一天会发光，这不假。但如果能少一些阻碍，多一些机会，岂不是更好？要做到这一点，其实并不难，用心学一学说话的技巧，更好地和别人沟通，推销自己，展示自己，至少能让你与成功之间的距离缩短一半。

大学毕业之后，张毅经过多番调查比较，选中了一家新兴的科技公司去应聘，并想好了一套十分精彩的说辞来推销自己。没想到的是，顺利通过笔试之后，张毅却在面试中遇到了"铁板"——公司老板周总。

周总是个经验丰富且固执己见的人。他一直认为，学历什么的都不重要，只有实打实的经验才是实力的保障，所以一直想要招聘一位经验丰富的员工，对张毅这种初出茅庐的"小菜鸟"自然毫无兴趣。所以在面试张毅时，他只随便问了几个问题，就敷衍地告诉他说："就先谈到这里吧，你回去等消息。"

张毅很聪明，一看周总的态度就知道怎么回事了。虽然说即使这的面试失败了，他也还有其他选择，但不可否认，这家公司是张毅认为最有潜力也最适合自己的，他并不想退而求其次。于是，他想了想，笑着对周总说道："我想您的意思是，贵公司人才济济，已经足以在市场中立于不败之地，所以外边的人哪怕有天大的能耐，你们也不一定需要。更何况，还是像我这样毫无经验的'小菜鸟'，哪怕进了公司，恐怕也只能添乱，所以还不如直接找些有经验的，来了就能干活，哪怕不能给公司带来什么惊喜，至少不会出错？"

说到这儿，张毅停了下来，面带笑容地看着周总。周总愣了一下，沉默片刻之后，对张毅说道："那么，不如你来谈谈自己的特长和想法？"

听到这话，张毅知道，机会来了，不由得松了一口气。他先给周总鞠了一个躬，礼貌地说："真是抱歉，刚才我太冲动了，谢谢您能给我一个继续谈下去的机会。"

之后的交流非常顺利，张毅侃侃而谈，既向周总展示了自己的实力，同时也和周总分享了自己对公司发展的一些想法和建议。最后，周总让张毅加入公司的企划部门，并对这个年轻人留下深刻的印象。

在即将与机会失之交臂的关键时刻，张毅就是靠着一张能说会道的嘴，才把自己从失败边缘拉回来的，可见，会不会说话对于我们来说有多么重要。当然，你也可以潇洒地说上一句："此处不留爷，自有留爷处。"然后挥一挥手，不带走一片云彩。但在你"潇洒"的同时，其实你也就错失了一次机会。在这样一个竞争激烈的社会，你以为自己又能有多少次机会呢？

有时候，失去一份工作，输掉一次谈判，未必就会对你的人生造成什么打击。但在某些时候，你眼前的这份工作、这场谈判，很可能就是颠覆你人生的重要契机，是促使你走向成功的关键一战。所以，既然明明有机会拿下它，我们又怎会甘心就这样与它失之交臂呢？我们需要做的其实很简单：用一张能说会道的嘴，造就一场完美的自我展现。

从不怯场的人，更有机会受关注

生活中，很多人或许有过类似这样的经历：腹中尽是锦绣河山，但口中却总是连个完整的句子都吐不出来；脑海中明明已经构思了许久见面时该和对方说的话，可事到临头却不知道该讲什么；演讲的稿子已经演练过千百遍，可一站上台，看着观众，脑海里就只剩下一片空白……是的，你怯场了。

这是个非常致命的问题。如果无法克服这一点，你和成功之间的距离将会越来越远。这并不是在夸大其词，好好想一想，当机会摆在你眼前的时候，你靠什么和别人争抢呢？哪怕你足够优秀呢，可如果因为怯场而无法展示自己，你又怎么让别人认识到你的优秀呢？请记住，从不怯场的人，才更有机会得到别人的关注。

狄伟是个海归博士后，回国后进入某著名科研机构工作，因为不善交际，三十好几了还没谈过恋爱，周围的人都替他着急。后来，在朋友的介绍下，狄伟认识了林岚。林岚是位非常漂亮的女士，在某大学做讲师。狄伟对林岚很有好感，但不善言辞的他，却不知道该怎样对林岚发起追求。两人在一起的时候，大部分时间几乎都是在沉默中度过的，狄伟自己也能感觉到林岚对他的冷淡和疏离。

令人意外的是，就在大家都以为狄伟和林岚之间肯定不会有任何发展的时候，林岚对狄伟的态度却突然亲近了起来，甚至还数次主动向狄伟提出邀约。不久之后，林岚就成了狄伟的女朋友。

大家都很好奇，纷纷询问狄伟，究竟做了什么事才顺利夺得"女神"的芳心。其实，狄伟自己也有些不明所以，根本不知道林岚对自己的态度怎么突然之间就有了这么大的转变。后来，在众人的追问之下，林岚才笑嘻嘻地说明了原委。

原来，一开始的时候，林岚对狄伟确实没什么特别的感觉，因为狄伟这人实在是太沉默了，有时候就连她都主动找了话题来聊，狄伟也依然是一副支支吾吾、吞吞吐吐的样子。直到有一次，林岚任职的大学邀请了一名专家来办讲座，而那位受邀的专家就是狄伟。当时林岚也去听了那场讲座，讲台上的狄伟和林岚印象中的截然不同，他自信满满、意气风发，尤其是在谈及自己研究专业领域的问题时，那种充满激情又自信笃定的样子，简直令人着迷。正是因为认识到了狄伟的那一面，林岚才突然对这个男人燃起了兴趣，并在耐心接触的过程中逐渐发现他其实是一位非常博学且有内涵的人。

不得不说，狄伟是幸运的，如果没有那场讲座，他和林岚之间的爱情，可能永远不会有结果。毕竟对于林岚来说，在真正认识狄伟之前，他不过就是她所接触过的男士中最普通的一个。如果他始终都保持着那样一副不善言辞、支支吾吾的样子，林岚恐怕根本不会有任何兴趣或耐心一点点地发掘他的另一面。

这就是气场的力量，明明都是同一个人，但因不善交际，所以在面对自己心仪的女性时，容易感到怯场，进而无法更好地展示自己，而那个因为涉及的是自己熟知的专业领域，从而可以在演讲台上神采飞扬、自信满满地展示自己，他给人的感觉却是天差地别。

那什么是气场呢？

众所周知，一群人中，最容易引起别人关注的，必然是最突出、最与众不同的那个。要么长得极美，形象十分亮眼；要么长得极丑，让人难以忽视；要么打扮出格，让人不注意都难。但还有一种人，长相未必是最突出或最特别的，打扮也可能和常人无异，但只要站在那里，就是吸睛的亮点、众人关注的中心——通常，我们把这种特质称为"气场"。

经典的黑帮电影《教父》，很多人应该都看过，马龙·白兰度饰演的第一任教父柯来昂一出现在镜头里，就能让人感觉到一种无形的压力。他穿着黑色的西装，几乎面无表情，但只要他坐在那里，一举手一投足之间，你就能感觉到他的与众不同，感觉到他看似普通的外表下隐藏着的巨大力量。哪怕他周围站着许多帅哥美女，你第一眼看过去，注意到的永远都是他，而且只会是他。他就像一个发光源，那种强大的气场，是任何人都无法忽略的。

不管是在影视剧中还是在普通生活里，其实都有像柯来昂这样的"发光体"，他们的外表看似没有什么特别，但就是能引起别人的关注，成为人群的中心。这样的人，就是我们说的有"气场"的人。

从心理学的角度说，我们可以把气场简单地理解为个人气质衍生出的一种精神力量。行为心理学家则认为，一个人的气场，主要由三点来决定：自信、社会形象以及内涵。

一个人自信的程度往往决定他气场的强大程度。其实，这不难理解，多观察一下周围的人，你会发现，那些充满自信的人，行为通常都是落落大方的，眼神中也充满坚定和执着。这样一种精神面貌和状态，很容易感染到周围的人。相反，如果一个人对自己都没有自信，不管说话还是做事，他自然就会表现得畏畏缩缩，很容易会被周围的人轻视。

除了自信外，社会形象也非常重要。每个人都有自己的社会形象，而社会形象正是支撑自信的一个重要因素。比如，你的社会形象如果是"强者"，所展示出来的自信给别人的感觉就是实至名归、锦上添花；如果你的社会形象是"弱者"，所展示出的自信在别人眼里可能就会变成没有自知之明、不知天高地厚。有人可能会问，"强者"的标准是什么？这其实没有一个统一的答案。比如，在学生眼里，学霸就是强者；在员工眼里，领导就是强者；对瘦小的人来说，身材高大强壮的人就是强者；对文化水平低的人来说，学历高的人就是强者。

再说内涵，内涵可以说是一个人自信的来源，塑造社会形象的基础。没有内涵的支撑，你的自信和社会形象就都是空的、虚的，没有任何底气。但相应的，如果你有内涵，却没有足够的自信，不能给自己塑造起"强者"的社会形象，你同样很难建立起强大的气场，引起别人的关注。

所以，归根结底，在机会面前，你想赢过别人，就得比别人更受关注，而你想要受到关注，就得学会自信满满地用"强者"的形象与气势在众人面前展现你的能力和内涵，千万别让怯场成为你踏上成功之路的阻碍！

沟通效果越好，你的机会就越多

有人说，一个人能否成功，关键在于这个人的沟通能力怎样。沟通能力越强，沟通效果越好，我们能获得的机会就越多，成功的可能性自然也就越大。反之，一个人如果在沟通方面有所欠缺，不管这个人多么优秀，多么聪明，他的成功之路必然充满坎坷。

这其实不难理解。我们生活在这个社会上，不管做什么事情，必然需要和别人打交道。比如，生活中需要进行商品买卖，工作上需要进行商贸谈判，甚至是随处可见的交流谈话等，虽然形式不同，但都是沟通。法国著名的思想家、哲学家卢梭说过："征服一个人或者征服一群人，用的往往不是刀剑，而是舌尖和牙齿。"当你能够成功地征服一个人或者一群人的时候，他们就会成为你的助力和获取成功的资本。

况且，一个人的力量始终都是有限的，一群人的力量却可以无限加成，而沟通正是将一群人的力量融合在一起的关键桥梁。

生活中，很多人或许曾有过这样的经历：遇到某些问题或困难时，一个人想破了头也找不到解决的办法，这时别人的一句话却可能让你茅塞顿开；在瓶颈中苦苦挣扎、愁肠百转，不知该怎么办时，请教那些有经验的人，一两句点拨就能让你少走许多弯路。这些都是沟通带给我们的惊喜，而这种惊喜的收益也十分可观，甚至可能成为改变我们一生的关键。

从本质上说，沟通其实就是人与人之间信息和情感的交流，是人与人相互扶持、相互勉励的一种共享形式。良好的沟通能够将人们的智慧叠加起来，形成一加一大于二的力量。我们可以做这样一个设想：

一个年轻人，从小的理想就是成为一名军人。但他的长辈认为，他应该经商，因为他很有商业天赋；而他的兄长则鼓励他从政，因为他们总是喜欢凑在一起讨论政治问题；至于他的朋友，则鼓励他参加职业篮球队的甄选，因为他打球真的非常棒；还有他的女朋友，则一直希望他能献身慈善事业，因为他有一颗温暖、善良的心。

每个人都有不同的想法，但年轻人并没有和任何人沟通，而是坚持自己的想法，加入军队，成为一名海军。经过八年的打拼，年轻人始终没有得到晋升机会，也终于发现，自己确实不适合成为一名军人。最终，他退役回到家乡，成为一所小学的篮球教练，一直到退休。

现在，我们将这个年轻人的生命时间向前倒拨，回到他年轻的时候，而他是一个非常善于与他人沟通的人——

想从军的年轻人把自己的想法告诉了亲朋好友，并和他们一起认真讨论，多番权衡和比较之后，年轻人决定经商。他独自到了一个大城市，虽然毫无创业经验，也没有多少资金，但他肯吃苦，又有商业头脑，从小做起，一点点把自己的事业发展壮大起来。八年之后，年轻人成为波士顿小有名气的商人。因为坚持诚信经营，加之商品质量过硬，年轻人的公司慢慢发展成为跨国集团，而他最终也成为享誉世界的超级富豪，并一直致力于发展慈善事业。

不同的选择造就了不同的人生，而促成不同选择的关键，就在于年轻人的沟通能力。不善于沟通的他，一意孤行地按照自己的意愿和想法，最终把时间和精力都花费在自己并不擅长的事业上；而善于沟通的他，却在别人的帮助下正确认识了自己，从而选择了一条最适合自己的道路。

再者，关系有远近，人情有厚薄，事情有难简。当今社会是一个人脉社会，人脉广泛可以让你在很多方面、很多领域做到畅通无阻。而人脉的建立，关键就在于沟通，没有成功的沟通，难以建立成功的关系。

先来看一个失败的例子：

对方说："这周末我要去打保龄球。"

你说："不好意思，这个我不会。"

这是最差的沟通。你的回答直接中断了这场谈话，同时也中断了和对方产生链接的可能，双方找不到共同点，谈话也无法持续下去，自然也就没有进一步建立关系、发展关系的可能了。

接下来，我们看一些稍微有技术含量的沟通：

对方说："这周末我要去打保龄球。"

你说："我不太会保龄球这项运动，不过我对品茶倒是很有兴趣。"

对方说："哦，是吗？"

你说："希望以后能有机会和您一起探讨茶道。"

这样的沟通方式与之前相比显然要进步一些，虽然未必能引起对方的共鸣，赢得对方的好感，但至少能把话题继续下去，还有机会寻找彼此的共同点。这其实也属于撞大运，毕竟对方未必对品茶感兴趣。如果对方对你提出的话题毫无兴趣，之后想要建立深层次的交往，恐怕也是不容易的。

最后，我们来看一看成功的沟通例子：

对方说："这周末我要去打保龄球。"

你说："您每个周末都会给自己安排一些活动吗？"

对方说："通常是的，毕竟修身养性嘛！"

你说："确实是个很好的习惯，像有的行动就以锻炼为主，有的行动又以静心为主，交替进行，身心都能得到很好的锻炼。"

对方说："是啊，比如，下周末我就安排好了要去钓鱼，适合静心！"

你说："真是不错的计划！我也非常喜欢钓鱼，不知您介不介意多一个伙伴呢？"

对方说："欢迎之至！"

这就是成功的沟通。一问一答间，你不仅轻松回避了不会打保龄球的尴尬，还成功地把话题继续了下去，甚至成功敲定和对方的下一次见面。有了这样的基础，你就更有机会和对方建立进一步的交往，也更有可能为自己赢得更多的机会。

这就是沟通的力量。良好的交际始于成功的沟通，而成功的交际则能为我们建立更广的人脉，赢得更多的机会。

只有说服对方，才是你唯一的选择

美国钢铁大王卡内基说过，一个人的成功，约有百分之十五取决于技术知识，百分之八十五取决于你的巧言妙语。

或许有的人对这种说法嗤之以鼻，觉得夸大了"说话"的重要性，但事实上，不管你有多不服气，现实就是如此。要知道，在这个时代，不管什么东西，都很难做到独一无二，人才也好，商品也罢，想成为"唯一"几乎是不可能的，我们总能找到代替品。所以，除非你能让自己成为独一无二的存在，保证对方除了你之外再不可能有别的选择，否则你只能想办法说服他，用你的巧言妙语打动他，这样你才可能成为唯一的选择，不会被别人代替。

先来看这样一个例子：

一位医疗机械公司的业务员上门推销医疗器械，到客户办公室之后，业务员先亮明了自己的身份，然后递上名片，信心满满地向客户介绍公司的产品，并不时地劝说客户购买。

客户正好有空，便打算和这位业务员聊一聊。他先是漫不经心地看了看业务员递上来的报价单，然后说道："你们公司的产品，似乎要比同类公司的产品价格高啊！"

听到这话，业务员有些手足无措，挠挠头说道："这都是公司的定价，要不您先看看，如果有合适的，价格方面我们还能再商量。"

业务员的回答显然让客户有些失望，他本以为业务员会告诉他为什么他们公司的产品定价会比其他公司贵，和其他公司的产品相比有什么优点等。但客户并没有急着拒绝业务员，而是继续问道："我最近有些失眠，想买一款足疗机，你现在有样机能让我试用一下吗？"

很显然，业务员手里除了他装产品资料的公文包外，什么都没有，样机自然也不会带的。因此，业务员尴尬地搓了搓手，如实回答："抱歉，我没带样机过来。"

客户又接着问："你给我具体介绍一下也行。"

业务员赶紧手忙脚乱地在公文包里翻找足疗机的产品资料，找了半天，才掏出一沓密密麻麻写着许多字的资料册递给客户。

客户显然不会有耐性看这些文字介绍，随手就把资料放在一边，继续追问关于这款产品的运作原理等。结果，业务员是一脸迷茫，说话也支支吾吾，半天讲不出个所以然来，只翻来覆去地强调，自家公司产品质量很好，品质有保证，价钱可以商量……

最后，客户随便找了个借口打发了业务员，这单生意自然没有成交。

或许这名业务员推销的产品质量的确不错，甚至物超所值，那又怎样呢？同类型的产品，市场上有很多，既然他无法说服客户，不能给客户一个无法拒绝的理由，客户自然有更多的选择，不一定非要从他的手上购买产品，完成这笔交易。要知道，很多时候，人们不管做什么事情，都喜欢给自己找一个理由，客户的购买行为也一样。就像一位销售大师所说的：客户最终选择了你，并不是因为你有多么好，而是因为无法拒绝你。

一个记者打算采访一位明星，通常来说，即便明星不愿意，在面对记者的时候，也还是会应付性地聊上几句。但这一次，这位明星完全不按常理出牌，还不等记者开口说话，就直接拒绝了采访。这让记者有些措手不及，但采访任务摆在那里，总不能真的一个字儿也拿不回去。怎么办呢？对于这种"意外"，记者其实也有一定的心理准备。

记者：您误会了，我不是来采访您的。

明星：那么，你想要做什么呢？

记者：其实，我只是想代表喜欢您的粉丝向您送上祝福。您看这些信，都是粉丝寄到我们杂志社，请求我们帮忙带来给您的，每一封信里，都是粉丝对您真诚的爱与祝福！

明星：谢谢一直支持我的粉丝们，真的谢谢，我非常感动。

记者：那么，我是否能代表粉丝询问您几个问题呢？

明星：当然可以。

一场原本从一开始就被判了死刑的采访，就这样搞定了！

明星从一开始就明确拒绝了采访的要求，但这位记者没有气馁，也没有靠死缠烂打的方式逼迫对方，而是巧妙地绕开关于"采访"这个已经被判了死刑的话题，用一种迂回的方式，同时也给了明星一个无法拒绝的理由，从而完成自己的采访任务。这位记者的成功，并非仰赖他所供职的杂志社有多么厉害的背景，或者他本人有多么优秀的写作能力，而是完全仰赖他的机智和巧言妙语。他聪明地利用粉丝对偶像的支持与祝福，诚恳地为自己争取到和明星说话的机会，在打动对方的同时，也让对方无法拒绝他的请求，顺利地达成自己的目的。

这就是语言的魅力——会说话，总能在关键时刻帮你争取到更多的机会，甚至"起死回生"。常言道：以德服人，但事实上，真正能帮助我们说服别人的，从来不是所谓的"德"，而是巧言妙语。当你学会用语言打动对方的时候，就离成功不远了。毕竟在这个时代，人们的选择总是多种多样，除了实力比拼外，我们更需要的是给对方一个无法拒绝的理由，只有想办法说服对方，我们才能成为唯一的选择。

越会说话，越少矛盾

这个时代，想要成功，只独善其身多数情况下是不可能的，无论你想做什么，投身哪一个领域，都会和千千万万的人扯上关系。故而有人说，一个人究竟能否成功，往往取决于这个人的沟通能力。

沟通能力真的这么重要吗？答案是肯定的。你想做的事情越大、越重要、越复杂，你就必须和越多的人打交道，团结越多的力量，每个环节都离不开沟通。毕竟，不同的人总有不同的观点，不同的公司总有不同的理念，不同的组织也存在不同的纲领，不同的国家则有不同的文化。这些"不同"往往是造成隔阂与矛盾的根源所在。如果不能想办法消弭这些"不同"，人与人之间、公司与公司之间、组织与组织之间、国家与国家之间，就难以真正达成合作。

想要消弭这些"不同"，调和"不同"所产生的矛盾，就少不了沟通。换言之，你越会说话，所遭遇的矛盾就会越少，通向成功路上的阻碍自然也就越少。所以，聪明的人从来不会用权势压人，只会用语言让别人信服，消除矛盾与隔阂，晓之以理，动之以情，团结一切可以团结的力量。

语言是刀剑，伤人直戳心肺；语言也可是暖阳，消融心头坚冰。重要的是，你能否掌控语言，学会用语言征服别人，化解矛盾。

　　某公司最近接了一个急单，为了按时完成生产任务，总经理只得让员工加班加点地工作。原本这种事情也算正常，偏偏不久之前，因为生产线出了一些问题，员工已经连续加班了一段时间，本以为事情告一段落，终于可以休息一下。如今一看，这加班仿佛没了尽头一般，渐渐地，员工们不由得生出一些怨言。

　　老夏是公司的老员工，已经在这个岗位上干了14年，手底下带过不少徒弟。对于这一次长时间的加班，他心中也颇有不满。在几个徒弟的撺掇下，老夏把工人们集合起来，说道："这事我得去和老板说道说道，哪能一加班就没完没了，简直不拿我们当人看！"

　　本来员工就对这事不太满意，如今老夏站出来说话了，大家自然纷纷附和：

　　"说得对！咱不能再这么被公司压榨了，不然得什么时候是个头啊！"

　　"也不知道给不给算加班费，做了这么久，得让他们按国家劳动法的规定补偿我们。"

　　"何止啊，这段时间这么热，也得加个高温补贴吧？"

　　"今年算下来可是加了不少次班，年终奖是不是得翻个倍……"

　　听着众人你一言我一语的抱怨，老夏更加义愤填膺，拍着胸脯向大家保证："放心！我这就去找老板讨个说法，这事不能让公司糊弄我们！"

　　厂里发生的事自然瞒不过老板。听说老夏怒气冲冲地来找他，老板赶忙打发了秘书小孙去应付。小孙年纪虽然不大，却是个长袖善舞的人才，特别懂人情世故，平时没少帮老板打点关系。

了解了情况之后，小孙早早就候在了办公楼，一见到怒气冲冲的老夏，就赶紧笑着迎了上去，面带诚恳地说道："您是夏师傅吧？我听说过您，咱公司的元老骨干，王总可是常常提起您，说您为公司做了很大贡献，没有你们这批老员工，公司就没有今天！"

听到这话，老夏有些怔愣，一时间，这冷脸也摆不出来了，反倒有些局促地问道："啊？王总这么说啊？那个……王总现在在办公室吗？"

"是啊，王总常常夸您呢，我来的时间不长，但听他提过您好多次了。要是知道您有事过来，王总肯定得候着啊。只是现在不巧，王总正和客户谈事情呢，要不麻烦您稍等片刻，行吗？"小孙客气地说道。

虽然心里着急，但看着小孙笑得一脸和善，讲话也客气，老夏只得不太情愿地点了点头，表示愿意稍微等等。

稍稍安抚了老夏的情绪之后，小孙把老夏带到会客室，然后又笑着问道："夏师傅，您稍坐一会儿，喝茶行吗？我给您沏茶去。"

老夏赶紧摆摆手："别忙了，我啥也不喝，就是来说事的，说完就走了。"

小孙手没停，一边烧水沏茶一边说道："我可不能怠慢您。之前王总就特别交代过，说只要您过来，就必须得沏上好的铁观音，您好这口。"

喝茶的时候，老夏心里的怒气已经消了不少，激动的情绪也渐渐平复下来，问小孙："王总大概什么时候能过来？"

小孙看了看时间，回答道："应该快了，和客户谈也有一会儿了。我刚才已经让人传了消息给王总，那边一完事，他马上就过来。其实，夏师傅，即便您今儿不过来，王总也是打算晚上过去车间看看你们的。昨天他还跟我说呢，这回要不是夏师傅你们这些元老帮着公司加班加点、风风雨雨地打拼，公司哪能撑得下去？最近公司订单多，劳累你们了，王总一直担心你们的身体状况呢！要不是忙得脱不开身，他早就过去车间那边看你们了！"

听了这些话，老夏心里的火气已经彻底没了，甚至还涌上一丝感动的情绪。况且，他其实也知道，最近除了工人加班加点地工作外，王总其实也不轻松，同样每天加班到深夜。

正和小孙聊着呢，就见王总大步走了进来，笑着对老夏说："夏师傅，听说您找我有事？真不好意思，让您久等了。"

一见老板这样子，老夏简直受宠若惊，结结巴巴地说着："没……也不是……没什么大事，就是……就是来看看您……"至于心里头的那点抱怨，早就已经没影了！

老夏到底为什么来，王总心里自然门儿清，当即就热情地拉着老夏，和他一块去了车间，请工人们喝了一顿下午茶，并向他们说明连续加班的缘由，还真诚地向大家道了歉。

这件事能够这么简单就得到解决，小孙绝对是最大的功臣。试想，如果没有小孙从中调和，安抚老夏的情绪，事情会变成什么样子呢？怒气冲冲的老夏，可能会口不择言地和老板发生冲突，导致双方都下不来台。一旦陷入这样的对峙局面，工厂的生产进度必然会受到影响，到时候公司无法按时完成订单，损失金钱是小，损害了信誉，可就真的难以挽回了。

可见，沟通是多么的重要，你必须懂沟通、会说话，这样才能更好地处理人与人之间的关系，减少彼此间的矛盾，从而让成功之路走得更顺畅。

一见如故，亲和力是最佳软实力

如果你是客户，面对两件无论价格还是质量都相差无几的商品，会如何做出最终的选择？如果你是面试官，面对两个不管学历还是能力都不相上下的应聘者时，会选择聘请谁？如果你掌握着一个很重要的机会，面对两个硬实力不分伯仲的竞争者，会靠什么来决定把这个机会交给谁？

答案其实很简单。人是情感动物，不管多么理智的人，在做决定的时候，都不可能完全不受情感的影响。更何况，如果摆在我们面前的选择并没有明显的高下之分时，情感的偏向将会成为影响我们最终抉择的关键因素。如果不管选择什么，得到的结果都差不多，我们自然更愿意选择自己喜欢的那个。由此可见，某些时候，亲和力才是最佳软实力。

我们的社交活动，尤其是那些涉及利益关系的社交活动，大多需要和不熟悉的人打交道，这时候，亲和力所能发挥的作用愈发明显。亲和力强的人，往往更容易得到别人的好感，尤其是那些不熟悉的人。

说到这里，有人可能会感叹："有什么办法呢？我这人天生就没有亲和力呀！"亲和力真的是一种天赋技能吗？是人与生俱来，无法改变的吗？当然不是。有一个词想必大家都听过——一见如故，这恐怕堪称与陌生人打交道最理想的状态了。能够和陌生人一见如故的人，必然有很强的亲和力，这点毋庸置疑。而和陌生人一见如故这事，其实任何一个情商高、会说话的人，都能轻易做到。

有人可能会问：和陌生人一见如故，那多困难啊？彼此不了解，也不知道对方喜欢什么、排斥什么，如果不是对方和你恰好有很多相似之处，怎么可能做到一见如故呢？

其实，只要回想一下你身边那些人缘好、情商高的人，就会发现，和他们一见如故的人不少，而且那些人之间可能根本没有什么共同点。其实，这并不奇怪，所谓的"一见如故"，说到底都是在交流与沟通中产生的一种感觉。当你觉得自己的想法、意见和对方不谋而合、彼此间的交流就好像熟稔得仿佛进行过无数次一样的时候，自然就会产生一见如故的感觉。要营造这样的感觉其实不难，你只要巧妙地找准对方的兴趣点，然后给予一定的附和与赞赏，相信很快就能得到对方示好的信号。

生活中，很多人遇到过推销员，而绝大多数人是不会轻易就让推销员进门的，陈女士也不例外。但有一次，她却破天荒地把一个推销化妆品的女孩子给放进了家门，并且还和对方相谈甚欢。

那天，陈女士休假在家，正看着最喜欢的综艺节目时，门铃响了。她满脸不高兴地去开门，站在她面前的是一个年轻的女孩，但陈女士并不认识她。

见到门开了，站在门口的年轻女孩，突然微笑着用极为亲切的口吻对陈女士说道："你好，我刚才路过楼下的时候，发现您家阳台上的花特别漂亮，都是您养的吗？其实，我也很喜欢花，想在家里养几盆，但一时间也没想到养什么，刚才一看，觉得你家阳台上的那几盆就很漂亮！"

听完女孩的话，陈女士心里略微的不快开始散去，微笑着问道："是吗？我也特别喜欢花，养几盆在家里挺好的。不过，我们见过吗？你找我是有什么事吗？"

女孩答道："吸引我前来拜访的，是美丽的鲜花。虽然我们是第一次见面，但您和您的家给我的印象都非常深刻，实在是太美好了。其实，我在一家化妆品公司上班，今天休息，所以就想在附近小区转转，看看能不能找到一些能聊到一块的人，顺便宣传一下我们公司的产品。不知道我有没有这个荣幸可以进去坐坐，和您聊一聊您的花以及我的化妆品呢？"

陈女士点点头，把女孩让进了屋。之后，女孩参观了陈女士的阳台，认真向她请教了不少养花技巧。陈女士还兴致勃勃地向女孩介绍了几种容易养活、开花又漂亮的盆栽，给她推荐了几家购买盆栽的店铺。就这样，陈女士和女孩聊了整整一下午，临别之际，还主动向女孩购买了一套化妆品，并交换了联系方式。之后的发展就非常顺理成章，陈女士和女孩成了朋友，还给她介绍了不少客户。后来，女孩跳槽到一家更有发展潜力的企业，还是陈女士帮她牵的线呢！

陈女士与女孩之所以能迅速建立起这样一段友好的关系，就是因为她们拥有非常理想的第一次会面，即一见如故，后面的事情自然也就水到渠成了。仔细回顾一下陈女士与女孩的每次对话，你会发现，女孩其实很高明。从她开口和陈女士说的第一句话开始，她就直接把自己摆在"熟人"的位置上，用一种非常熟稔的语气和对方沟通。这种亲昵的态度，无形中拉近了两个人的距离，消除首次见面的陌生感。而且，她和陈女士说话的切入点也十分巧妙，以

"花"为话题，加上陈女士确实是个爱花的人，一下子就说到对方的心坎里，好感值自然直线上升。至于女孩究竟是不是真的喜欢花，是不是真的因为被阳台上的花吸引了才敲响的门，其实已经不重要了。

　　一见如故其实真的不难，重要的是你懂不懂用心观察，会不会巧妙说话。只要能找准对方的兴趣点，再把话说到对方的心坎里，你和谁都能一见如故。只要建立起这样理想的开始，之后的发展也就顺理成章、水到渠成了。

打动对方，你就能把握住机会

　　每一位优秀的领导者，必然都是成功的演讲家，他们总能恰如其分地调动起听众的情绪，用充满感染力的言语将人们团结在自己的周围，从而集中力量做自己想做的事。这就是语言的感染力。懂得充分发挥这一点，你必然能够从千军万马中脱颖而出，握住成功的机会。

　　我们究竟要怎样做才能用语言打动对方呢？是滔滔不绝地讲述，还是精彩绝伦的发言，抑或是放低姿态地祈求？显然，这都不是什么好办法。生活中，有的人一说起话来就口若悬河，没完没了，却只会让人觉得厌烦不已；有的人则喜欢夸大其词，满嘴没一句实话；还有的人，姿态放得很低，开口就是一股谄媚味儿，也难以让人欣赏。

　　用语言打动人，这其实并不难，要知道，情绪是会传染的。生活中，很多人应该有过这样的经历：当你带着强烈的情感诉说一件事情的时候，哪怕其中存在一定的水分，但只要你的情感足够强烈，往往就会直接影响到对方，将其带入你所讲述的事件，让对方的情绪也随着你的讲述上下起伏。当你们的感情波动达到同一层级的时候，彼此间就会产生共鸣，一旦产生情感共鸣，沟通自然会水到渠成。

　　几年前，美国银行学会芝加哥分会打算培训一批专职的理财指导师，于是聘请了一位专业的理财大师来指导训练这批被挑选出来的精英。

这批被挑选出的学员一共有28人，每个人都非常聪明，也非常优秀。起初，培训非常顺利，学员们很快就熟练掌握了大师教授的理论知识和技巧，但进入实际操作时，一位名叫卡特的学员却遇到大问题——他始终无法融入角色，无法和所要交谈的对象进行有效的沟通。

卡特是个非常努力的年轻人，在培训班里，成绩一直名列前茅。但这一次，不管他怎么努力，却始终不得其法。无奈之下，沮丧的卡特只得主动找到大师，懊恼地向大师寻求帮助："老师，我实在不知道自己该怎么办了，自己记住了一切知识、一切技巧，却不知道该如何让别人愿意听我讲述这些东西，甚至开始怀疑，自己究竟是不是真的能干这一行？"

卡特的状态让大师非常担忧，他很清楚，如果这个年轻人不能克服自己的问题，闯过这一关，他大概真的无法再继续从事这一行了，即便勉强做下去，也无法真正走得长久。于是，大师告诉卡特说："你的语言中缺少一样非常重要的东西，那就是热情。如果别人无法从你的言语里感受到任何热情，你又怎能打动对方呢？"

看着一脸茫然的卡特，大师想了想，对他说了这样一句话："纽约的'遗嘱公证法庭记录'显示了这样一个社会事实：80%的人去世之后，都没能为自己的亲人留下哪怕一分钱；这其中，25%的人居然还给自己的亲人留下了未能偿还的债务。所有的纽约人中，只有4%的人真正为亲人留下超过一万美元的财产。"然后，大师便吩咐卡特自己坐到一边去思考自己的职业，直到真正产生热情为止。

之后的一整天，卡特都没有参加训练，而是一个人呆呆地坐在场边思考人生。直到所有训练项目都结束、学员们都离开之后，卡特才兴冲冲地走到大师面前，眼睛里闪烁着别样的神采，激动地说道："老师，我明白了！我现在所做的工作，并不是要祈求别人的施舍，或是逼迫他们做一些他们做不到的事情。我做的一切，都是在为这些人打算，为他们的后半生考虑，希望帮助他们在年老之后也能过上衣食无忧、安逸舒适的生活，并且尽可能地为自己的亲人留下一些保障。"

看着卡特神采飞扬的样子，大师欣慰地点了点头，拍拍卡特的肩膀说道："很好，从这一刻开始，你已经是一名合格的理财指导师了。用你的热情去打动你的客户，我相信他们会愿意按照你所说的去做的。"

事实上，正如理财大师所说的，卡特确实成功了。他的客户层次越来越高，单子也越做越大。许多和卡特接触过的人都说，卡特简直就是成功理财的代名词，他总能用充满激情的语言打动别人、感染别人、让人们不由自主地把信任交付与他。

日本丰田汽车创始人丰田喜一郎说过："这个世界上，什么样的语言最能拨动人的心弦？有人说是思维敏捷、逻辑严密的雄辩，有人说是声情并茂、慷慨激昂的陈词……但是这些都只是形式。我认为，无论在任何时间、地点，和任何人交流沟通，始终起作用的因素都是热情与真诚。"

情感是人与人在交流中最容易引起共鸣的因素。人和人之间，哪怕语言、文化、教育背景不同，但感情却是相通的。从"心"而发的情感，最能打动人心，也最能感染人心，如果你不能把真情实感融入言语，让对方感受到你的真诚与热情，即便你花费再多的心思与金钱，都无法换来别人的真心相待。

　　与人沟通，只有将自己的情绪感染给对方，引起对方的共鸣，才能打动对方，从而说服对方，改变对方的想法。所以，不要小看说话，有时候看似无害的言语，往往最能直击人心。能用言语打动对方，你就能为自己赢得机会多加一道保险。

会说话叫"赞美"，不会说话叫"恭维"

人都喜欢听好话，因为不管是谁，其实都有虚荣心。你若是能满足别人的虚荣心，别人会自然而然地对你产生好感，喜欢和你相处。

古人说的"女为悦己者容，士为知己者死"，其实就是这个道理，因为有人欣赏，所以女子才会用心装扮自己，好得到对方的夸赞；因为有人理解，所以哪怕赴汤蹈火也在所不辞，好得到对方的肯定。无论是前者还是后者，做这些事情，说到底实际上都是为了内心的满足。而这种满足，从某种程度上说其实也是一种虚荣心的满足。

有人可能会说："不就是说好话吗？这还不容易！只要把人使劲地夸，不就可以了，没什么难的！"如果你有这种想法，那可要小心了，可别弄巧成拙，把"马屁"拍到"马腿"上。要知道，即便是说好话，夸奖人，那也是有技巧的。会说话的人把好话说出来，那叫"赞美"，不会说话的人乱说好话，那叫"恭维"。人们愿意接受赞美，但不会喜欢那些虚伪恭维的人！

托马斯是镇上最聪明、最厉害的人，镇上的居民遇到解决不了的难题，常常都会找托马斯帮忙。通常来说，只要不违背做人的原则，热情豪爽的托马斯也十分乐于助人。

有一天，镇上的两个年轻人保罗和迪恩来找托马斯，想要向他寻求帮助。才刚走进托马斯的房子，保罗就赶紧挤开迪恩迎了上去，夸张地对托马斯大加赞美："嘿！托马斯先生，你可真是个了不得的人物！我一直觉得您是全镇——不，是全国最优秀的人！谁还能比您更好呢？您是这样好心，这样乐于助人，您的事迹早就传遍每个角落了，哪怕您去参选总统，那绝对是绰绰有余！"

听到保罗的一通吹捧，托马斯没有感到丝毫开心，反而有些尴尬地说道："别这样说，太夸张了，我并没有做过什么大事情，你这么说倒是让我有些无地自容了。"

保罗压根儿就没注意到托马斯的不自在，只一心想着要讨好他，以免让他被迪恩先拉走，于是又继续说道："您真是太谦虚了……要我说，您就像传说中的隐修士一样，有着高尚的品德、卓越的才能，不参加总统竞选，绝对是这个国家的损失！"

听着保罗越来越离谱的说辞，托马斯的脸色越发冷淡，已经完全不想再和这个年轻人说什么了，反正看这样子，大概不管自己怎么说，对方都不会停下这种可怕的"恭维"。于是，托马斯只得硬着头皮，继续听保罗"恭维"他的房子、车子、厨房、厕所，甚至那条他捡回来瘸了一条腿的流浪狗。直到最后，忍无可忍的托马斯才总算插上话，找了个借口把保罗给打发走了。至于保罗的请求——天哪，在遭受这么久的"折磨"之后，托马斯怎么可能还答应去帮忙！

和保罗不同，另一个年轻人迪恩自从进了屋子之后就一直安静地站在一边，默默欣赏着托马斯的花园。等保罗被打发走之后，迪恩才微笑着对花园的布置发表了一些看法，提出一些自己的建议，并充满欣赏地赞美了一番托马斯养花的技巧。听着迪恩真诚而又恰到好处的夸赞，托马斯的心情总算好了一些，不等迪恩说什么，就主动对他说道："你遇到什么困难了吗？不介意的话，可以对我说说，或许我能帮上一些忙。"

没人会拒绝真心的赞美，至于那些夸张又不走心的恭维，还是算了吧！虽然都是说好听的话，但赞美和恭维绝对是两码事。听到别人的赞美时，我们能够感受到对方赞美中的真诚，这种由心而发的认可，能够让我们小小的虚荣心得到莫大的满足；但恭维不同，它总是有着过多的虚假成分，让人一听就能感觉到对方的虚伪和目的性，怎能会高兴，甚至产生好感呢？

别以为"拍马屁"是件容易的事，你得拍对马屁，还不能让马有被拍的感觉，并意识到你的真诚，这才是真正成功的"拍马屁"。古往今来，能把这套功夫修炼得炉火纯青的，当属和珅了。在"拍马屁"领域，他简直堪称"千古第一人"。

我们知道，乾隆非常喜欢和珅，因为和珅特别擅长哄他开心，每次拍马屁都能一拍即中，拍得真诚又巧妙，让人不高兴都难。

乾隆曾经下旨刊印《二十四史》，并且把其中的重要部分挑出来亲自审核校对。众所周知，乾隆在历史上是个虚荣心特别强的皇帝，自视甚高，觉得自己特别厉害甚至自诩为"千古一帝"。所以，审核校对的时候，每找出一处错误，乾隆都会很高兴，觉得自己特别了不起，能精准地把别人意识不到的问题挑出来。

和珅对乾隆非常了解，对他那些小心思更是了如指掌。为了哄乾隆开心，和珅就想了法子，他故意在每次交给乾隆审核校对的稿子里留下几处不明显但确保乾隆能看出来的错误，以此满足乾隆的虚荣心。因此，乾隆最喜欢审的就是和珅的稿子，每次一看和珅的稿子，都能喜笑颜开。

　　不得不说，且不论和珅做人为官如何，他那心思着实是玲珑剔透，不发一言，不说一语，就能把这"马屁"给乾隆拍得舒舒坦坦，甚至都找不着一丝恭维的痕迹。也难怪即便明知他是个巨贪，乾隆依旧盛宠了他二十余年。

　　最大的胜利并非伏尸百万、流血千里，而是兵不血刃就达成目的。同样，最高明的沟通也不是舌灿莲花、雄辩滔滔，而是只言片语就能打动人心。高明者如和珅，有时连话都不用说，也能哄得皇帝高高兴兴、舒舒坦坦。

　　会说话的人，"马屁"也能拍成"赞美"，"吹捧"也不缺乏"真诚"；不会说话的人，则总能把好话讲成"恭维"，哪怕"真心"，也总让人觉得带了三分"虚伪"。情商的高低，话术的强弱，直接决定你在社交活动中的沟通力，而这是你与人竞争资本中最重要的软实力。当机会来临的时候，会说话才能让你笑到最后。

保住对方的面子，就是保住自己的机会

网络上流行过这样一句调侃：头可断，发型不能乱；血可流，皮鞋不能不擦油。

调侃虽是夸张，却也揭露了一个事实：面子大过天。要说"面子"这个东西，不能吃不能喝，最不值钱，但也最贵。对那些不在乎的人来说，面子什么都不是，根本不值钱；可对那些在乎的人来说，这面子还真就大过天，比什么都重要，你敢伤他的面子，他能找你拼命。

我们周围，爱面子的人真是不少，那些因为三言两语就闹得大打出手、难以收场的人，说到底，争的其实就是一个面子。所谓的"祸从口出"，惹祸的根源同样是面子的事儿。所以，和人说话，嘴上一定得有个把儿，别以为随便说说而已。有时候，语言的杀伤力远远比拳头厉害得多，一句话说错了，驳了别人的面子，得罪了人，可能就会让你失去一个机会，多添一道阻碍。

保住别人的面子，其实就是保住自己的机会，这在沟通中非常重要。我们与人沟通，为的是增进彼此的感情，获得对方的好感，让对方成为我们争取成功的助力。因此，在这个过程中，如果我们因为一时冲动而说错话，损害了对方的面子，就可能让好不容易建立起来的感情瞬间崩塌，甚至把对方推到我们的对立面，成为敌人。

诚然，过分重视面子的行为并不值得提倡，但贸然伤害对方面子的行为同样不可取，就像法国作家安托安娜·德·圣苏荷伊所说："我们每个人都没有权力去做任何伤害他人尊严的事，因为伤害别人的尊严是一种罪，上帝不会宽恕的。"

某服务机构办过一期培训班，主题是讨论挑剔别人错误的负面效果和保住别人面子的正面效果，当时有两位学员分享了自己的故事。

一位学员在某公司担任总经理的职务，他说道："那件事大约发生在几年前，当时公司的某条生产线出现了一些失误，我非常生气，于是就在随后的生产会议上怒气冲冲地问责了当时负责管理生产的一位监督员。那时候，我真的非常生气，所以面对他的时候，丝毫没有客气，说话充满攻击性，当着全体员工的面咄咄逼人地指责他的过失。我不停地责问那个监督员，为什么会出现这样的错误。那时他显然被我吓坏了，半天说不出一句话来，这让我更加愤怒，对他的斥责也更加严厉，甚至可能还说出一些侮辱性的词汇。

"那次会议结束之后，我就把这件事抛诸脑后了，只当作一次普通的发脾气。但那位监督员似乎并不这样认为，或许是我的过激行为给他造成比较大的心理阴影。总之，在那件事情之后，我明显地发现他有了很大改变，对待工作越来越不认真，能糊弄的就各种糊弄，尤其是我在车间的时候，他更加变本加厉，就好像专门做给我看一样。那个监督员当时所在的工作岗位非常重要，他的态度直接影响到公司的生产业绩。

"没多久，那个监督员就辞职离开了，跳槽去了我们的竞争对手公司。前不久，我还听说了他的消息，据说他去了那个新公司之后，工作做得非常不错，现在已经升职做了生产部门的总经理。

有时候我在想，假如当初我能懂得一些沟通技巧，而不是莽撞地当着所有人的面批评他、伤害他，现在他会不会已经成为我的得力助手，而不是竞争对手？"

另一位学员是一位女士，分享的是她的亲身经历："我在一家食品包装企业做市场营销，几个月前，我们公司要对某项即将推出市场的新品做市场调查，结果因为做计划时忽略了一个非常重要的环节，导致调查时犯了一个严重错误，只能将所有的工作全部推翻重来。更糟糕的是，在我们发现这个错误的时候，大部分工作已经进入收尾阶段，我们原本应该在第二天早上的例行会议上把调查报告提交上去，而现在一切都来不及了，我甚至没有时间和老板商量该如何处理这个事情。

"作为小组的负责人，我不得不在第二天一早的例行会议上，当着所有人的面告诉老板，因为我们的工作失误，导致我没有办法按时提交报告。我战战兢兢地向老板保证，一定会尽快弥补犯下的错误，把新的调查报告提交上来。那时候我害怕极了，心想老板一定会毫不留情地狠狠教训我一顿，而我将成为全公司的笑柄……令人意外的是，我所担心的事情并没有发生，老板不仅没有冲我大吼大叫，反而一直保持着温和的微笑，告诉我说公司很感谢我做的工作，感谢我为公司做出的贡献，一次小小的失误不算什么。他还告诉我，他对我很有信心，相信我能很快提交上一份更加精准的报告。那天一直到散会，我整个人都是懵的，真的没想到事情竟然会是这样。但不得不说，我真的非常感谢老板，天知道在等待'审判'的时候，我甚至都想好了要怎么辞职。后来，我们很快就制订了新的调查计划，在最短的时间内提交了报告。直到今天，我依然想说，感谢上帝让我能在这家企业工作，拥有这么好的老板！"

　　同样是下属犯错，领导不同的处理方式带来截然不同的结局。伤了面子的员工心怀怨恨，愤然出走；而保住面子的员工则心怀感激，用拼命工作来弥补错误。你认为哪一种更好呢？

　　在人际关系处理中，争执永远不会是我们真正想要的结果，有时即便我们与人发生争执，最终目的其实也是希望能够说服对方，让对方按照我们的意愿行事。然而，无数的事例告诉我们，争执绝对是最失败的沟通方式，一旦陷入争执，我们反而会离沟通的初衷越来越远。

　　所以，想要维护彼此间建立的关系，让沟通顺利达到理想的效果，我们就要懂得克制情绪，控制言语，不要口不择言地伤害别人的面子。要知道，保住对方的面子，就相当于保住你达成目的的机会。

裹上一层糖，说什么别人都爱听

无数的故事中，奸佞小人似乎总是能比耿直的正人君子混得好，作为故事的旁观者，很多人可能会嘲讽那些被奸佞"蒙蔽"的人：怎么那么傻，不识好人心，根本不懂谁才是真的为你好！

如果刨除"上帝视角"，设身处地地仔细想一想，可能会发现：噢，原来喜欢奸佞小人，并不奇怪啊！

回想一下故事中可能出现的那些情节：

当你突发奇想准备逃学寻求刺激时——奸佞对你说："走啊走啊，我陪你一块儿去！"君子则义正言辞地教训你一顿，告诉你："这是不对的，我们要听老师的话，好好学习天天向上！"

当你犯错被父母批评，正感到委屈和气愤时——奸佞对你说："他们太过分了，一点儿也不理解你，又不全是你的错！走，哥们带你潇洒一番，把不开心的事都给忘了！"君子则正义凛然地规劝你："这本来就是你的错，你应该好好反省，下次不要再犯这种错了，爸妈批评你也是为你好，你怎么还能再耍小脾气呢！"

当你充满雄心壮志打算大干一番事业，但这番事业可能会造成一些不好的影响时——奸佞对你说："放手去做吧！你那么厉害，我相信你一定会成功的！别考虑那么多，别人都不重要，只有你才是最重要的！"君子则苦苦劝说你："别这么干，这么干是错的，一旦出问题，可能就会伤害到很多人，还是保险一点儿，不要总是好高骛远……"

好了，现在请抛弃"上帝视角"告诉我，你更喜欢奸佞还是君子呢？

当然，这些例子比较极端，在现实生活中，不是所有奸佞都那么善解人意，也不是所有君子都那么不会说话。举这样极端的例子，只是想说明一点：故事中，人们之所以喜欢奸佞，被他们"蒙蔽"，不是因为自己"傻"，更不是因为他们坏，只是单纯地因为和他们在一起更高兴，听他们说话更舒心。

古人说：忠言逆耳利于行。以此来规劝我们，不要只想着听好听的话，而要懂得用宽广的胸怀、豁达的心态接受批评的言语，以此督促自己改正错误，变成更优秀的人。可是，语言如此千变万化，为什么就不能想想办法，把"忠言"说得顺耳一些，让人更容易接受一点儿呢？逆耳的忠言，出发点固然是好的，但有时味道不免过于苦涩，令人难以下咽。若是能将这"忠言"外头裹上一层糖，"吃"的人不就不会这样难受了吗？

大成是一家工厂的负责人。一天中午，他在巡视工厂的时候，发现几个工人在休息时间抽烟，而厂区是24小时禁烟，这条规定在工人们刚来的时候就数次强调过。

对于工人这种明知故犯的行为，大成非常愤怒。在这种情况下，他完全有理由直接冲出去斥责他们，然后根据规定给予他们一定的惩罚。但大成并没有那么做，他和很多工人打过交道，知道他们都是什么脾性，要真是这么不管不顾地给人一顿训，即便工人们表面上不说什么，私底下肯定会有不满，万一影响到工作进度，可真是得不偿失。于是，大成压下火气，不紧不慢地朝着那些工人走了过去。

瞧见大成走过来的时候，工人们其实已经慌了，知道自己犯了错误，想着这一顿训怕是跑不了了。结果没想到，大成走过来之后并没有训斥他们，反而从兜里掏出一盒雪茄，给每个人都发了一支，笑着说："小伙子们，尝尝这个，休息时间就该放松，但如果你们能到厂区范围外享受这些雪茄，我会非常感谢的。"

听到这话，工人们都惭愧地低下了头，向大成鞠了一躬，快速跑出厂区。之后，大成再也没有见到这几个工人在厂区范围内抽烟，甚至有几次他们看到别人在厂区内抽烟还主动上前制止。

其实，绝大多数人比我们所以为的要聪明和懂道理，犯了错之后，他们自己也清楚，只是有的人爱面子，即便知道是自己的错误，也拉不下脸来认错低头，总是摆出一副"死不悔改"的样子。面对这样的人，你批评得越厉害，他们反弹得越厉害，仿佛只要接受批评就意味着"认怂"一样。

在处理工人违反规定的事情上，大成的处理方式就非常成熟。他很清楚，既然错误已经犯下，当务之急就是补救，改正错误，想办法让他们不要再犯，而不是和他们争执。要达成这个目的，想办法让他们生出愧疚感，显然比严厉的批评有效得多。毕竟，大部分工人年纪比较小，都是些爱面子又冲动的年轻人，即便他们内心已经认识到错误，也很难完全没有怨怼地接受批评。所以，大成没有批评他们，而是采用"暖心术"，让这些工人生出愧疚感，从而自觉地改正错误，维护公司的规章制度。

一位很受下属欢迎的销售部主管说过，他的好人缘主要来自他的说话方式，不管和谁交流，哪怕是批评下属，他都习惯在话语外头裹一层"糖"，让对方高高兴兴地"吃"下去。

比如有一次，这位主管找一名销售员谈话。这名销售员非常聪明，是个有前途的好苗子，但就是平时太过懒散，不够勤奋，主管一直想敲打敲打他。

销售员一进办公室，主管就说道："我看过你的业绩，做得很好，我很看好你。但你知道自己有什么优点吗？"

听到这话，销售员愣住了，支支吾吾，半天也没说出一句话。

主管接着说道："你至少具备四大优点：第一，学习能力强，能够迅速从经验中吸收对自己有利的东西；第二，头脑灵活，反应很快，非常善于察言观色；第三，心很细，经常能发现别人注意不到的细节；第四，脾气性格好，乐观开朗，积极向上。"

主管的话让销售员有些不好意思，但心里满是雀跃，他都不知道原来自己有这么多优点。

这时，主管又继续说道："你确实非常优秀，但我也发现，你有一个缺点，那就是不够勤奋，你每天打电话或拜访客户的数量一直是你们小组最少的。如果你能再勤奋一些，我想你完全可以比现在更加出色。你觉得呢？"

主管的一席话说得销售员激动不已。他双眼闪烁着光芒，连连点头，表示今后一定会克服缺点，更加努力，一定不让主管失望。

主管找销售员，本意是要批评他在工作上不够勤奋，而他的聪明之处在于，批评之前先给销售员喂一颗"大甜枣"，弱化批评可能带来的负面情绪，让销售员在意识到自己不足的同时，不会因受到批评而影响工作情绪。

学会在话语外头裹一层"糖"，这样你说出来的话人人都会爱听，如此，好人缘离你还会远吗？

会说话，让谁都无法拒绝你

生活中，你一定遇到过这样的状况：原本并不打算答应对方的要求，但只要一和对方聊天，总是不知不觉中就把事情应允了。如果你遇到这样的状况，相信和你聊天的人一定是个话术高手，至少他懂得如何发挥语言的诱导力改变你的立场，让你无法拒绝他。

有一位摄影师，他的主要工作是为女演员拍摄照片。工作中，他常常需要想办法说服女演员，让她们按照他的期望配合工作，以便拍出满意的照片。

这其实不是件容易的事，毕竟每个人都有自己的想法，摄影师和女演员之间自然常常会产生分歧。对此，这位摄影师有着一套巧妙的解决办法，那就是通过赞美的方式帮助女演员们"调整"动作，让她们在不知不觉中配合完成自己的工作。

比如，当他希望女演员能稍微把头偏一偏的时候，他会告诉对方："您耳垂的形状很漂亮，稍微偏一偏头，一定得让它完美地出现在镜头里！"当他希望女演员把头扬起来一些的时候，则会告诉对方："我想表现出您的脖颈美，把头再稍微抬起来一些，对，就像美丽的白天鹅一样！"通过这样的方式，摄影师总是能轻易让女演员们配合他的想法摆出造型，并很容易地对他敞开心扉。

会说话的人就是这么讨喜，总能让人无法拒绝他的要求。试想，假如摄影师没有用这样的方式，而是直接向女演员下达指令：

"把头偏一偏，再抬起来一点儿！"那么，某些女演员或许就会直接提出自己的反对意见："我觉得我的正脸更好看一些，别总拍侧脸！"或者"再抬头就要拍到我的鼻孔了，而且下巴形状也会不好看的！"这样你来我往的一争论，时间不就浪费了吗！

但这个摄影师很聪明，他从不直接向女演员下达指令，也不给她们任何反驳自己想法的机会，而是通过令人无法拒绝的赞美之辞来"操控"她们的动作，以达到自己理想的效果。而且，赞美的话一说出来，还能为自己收获不少好感，让自己的人缘越来越好。

一位杂志编辑对说服作家同样很有一套。众所周知，在这个行业里，最让编辑们头疼的问题就是约稿。为了向那些当红作者约稿，编辑们可谓绞尽脑汁，苦口婆心，但往往收效甚微。

这位编辑的厉害之处就在于，无论那些作家多么忙，他总是能说服他们为自己写稿。虽然他所属的杂志社在业内规模不算大，但奇怪的是，他的约稿对象却很少拒绝他的要求。他是如何做到的呢？

其实，他的秘诀很简单，每次他向作家约稿的时候，都会说这样一句话："我知道您特别忙，可没办法，谁让您的作品质量最有保证呢！那些空闲的人写出来的东西，和您可真是没法比，始终觉得差点儿什么。所以，我也只能厚着脸皮请求您帮这个忙了！"

看似感慨和解释的一句话，实际上就是在给对方"戴高帽子"，拐着弯儿地给对方"拍马屁"呢！这"马屁"拍得一舒坦，对方自然就顺理成章地答应了下来。更何况，这"高帽子"一戴上去，想要摘下来可就不容易了。语言就是这么奇妙，你总能巧妙地让对方将"不"变成"是"，会说话，就能让谁都无法拒绝你。

　　如果你依然还是对语言的力量感到存疑，不妨再来看一个案例：

　　推销员小周是个刚入行的"菜鸟"，最近他感到非常苦恼、挫败，无论他如何努力，表现得多么诚恳，却总是连话都说不上几句就被客户拒绝了。这让他开始怀疑，是不是自己天生就不适合干这行。

　　小周把自己的烦恼向前辈老秦倾诉之后，老秦对小周说道："这样吧，你把上周去见那个客户的情况跟我说一说，我帮你参谋下，到底有什么问题。"

　　小周一听更沮丧了，但还是点点头说道："唉，根本没有什么经过可说。上周，我好不容易才堵到那位吴先生，然后：'您好，吴先生，周末还来打扰您，真是对不住啊，请问您现在有时间吗？我想和您说一说我们公司的新产品。'结果，我刚说完一句话，对方就直接拒绝了我，跟我说：'不好意思，我很忙，马上就要离开了，有什么话下次再说吧。'可是，哪里还会有什么下次呀！"

　　听了小周的话，老秦无奈地笑了笑，帮他分析道："其实，你的最大问题就在于，没能一开始就掌握话语权，让对方无法拒绝你。而且，你的表达方式也很有问题，从一开始，你就对客户说'打扰您''对不住'这样暗含消极情绪的话，无形中就把自己找客户的这种行为定性为'不愉快的事'了。然后，你又问客户'有没有时间'，直接给了对方拒绝你的机会，当然留不住客户了。下一次，你不妨换种说法，比如你可以这样对客户说：'吴先生，周末能见到您可真高兴！请抽出三分钟来给我吧，相信您一定不会后悔的！'"

之后，小周按照老秦教的方法，事情果然顺利了很多，而且还成功签下了几个单子。

语言就是这么神奇，明明表达的是同一个意思，但只要换一种说法，就能给人带来截然不同的感受。更重要的是，只要换一种说法，往往就能得到截然不同的效果。

这其实就是一种心理暗示。在与人交谈的时候，我们总会下意识地回答对方的问题，就像小周问客户"有没有时间"的时候，对于这个问题，我们潜意识中会出现两个回答：一是"有"，二是"没有"。但如果转换一种方式，按照老秦的说法"请抽出三分钟"，这就变成了一个祈使句，没有给我们"选择"，我们只能同意或者直接拒绝。而拒绝人同样会给我们造成一定的心理压力，所以通常来说，除非真的没办法抽出这三分钟，否则客户一般不会拒绝。

很多学者把说服术和心理学联系在一起，事实上，它们的确有着不可分割的联系。俗话说，攻人先攻心，只要能抓住对方的心理，我们就能巧妙地通过不同的语言表达"诱使"对方按照我们的意愿进行对话。